硕士研究生入学考试辅导丛书

考研材料力学

真题分类训练365题

92%为精选真题，近五年占比51%

薛佳祥　肖永锋　主编

- 知识点+例题+配套视频，高效学习
- 75种题型分类训练，强化解题能力

哈尔滨工业大学出版社
HITP
HARBIN INSTITUTE OF TECHNOLOGY PRESS

内 容 简 介

本丛书是为硕士研究生招生入学考试编写的材料力学综合辅导用书，涵盖了材料力学上册和下册的所有内容。在丛书的编写过程中，参考了各大院校指定的材料力学经典教材，从四十多所院校的近十年真题中挑选了一些经典题，按照"知识点—题型—例题—综合题"进行编排，在重视力学基本概念、理论阐述的同时，更注重题型划分、解题方法总结和做题能力训练。相信通过本丛书的学习，同学们可以更好地理解力学概念，掌握解题技巧，顺利取得高分。

本丛书可作为研究生入学考试的辅导书，也可作为高等工科院校本科生和专科生学习材料力学课程时的参考书、教师教学参考资料以及相关人士的自学用书。

图书在版编目（CIP）数据

考研材料力学.2，真题分类训练 365 题 / 薛佳祥，
肖永锋主编. — 哈尔滨：哈尔滨工业大学出版社，
2023.3
    ISBN 978-7-5603-3962-7

Ⅰ.①考… Ⅱ.①薛… ②肖… Ⅲ.①材料力学-研
究生-入学考试-习题集 Ⅳ.①TB301

中国版本图书馆 CIP 数据核字（2022）第 095055 号

策划编辑　王桂芝
责任编辑　陈雪巍　王　爽　林均豫
出版发行　哈尔滨工业大学出版社
社　　址　哈尔滨市南岗区复华四道街 10 号　邮编 150006
传　　真　0451-86414749
网　　址　http://hitpress.hit.edu.cn
印　　刷　明玺印务（廊坊）有限公司
开　　本　787 mm×1 092 mm　1/16　印张 12　字数 270 千字
版　　次　2023 年 3 月第 1 版　2023 年 3 月第 1 次印刷
书　　号　ISBN 978-7-5603-3962-7
定　　价　99.80 元（全两册）

前　　言

为了更好地帮助广大考生在有限的备考时间内，准确理解和掌握考研材料力学知识点，全面提高力学思维和解题能力，编者结合自己的考研经验及多年材料力学考研辅导心得，精心编写了本丛书，以帮助考生顺利通过研究生入学考试。

本丛书共有两册，包含《考研材料力学：复习全书》（简称《复习全书》）和《考研材料力学：真题分类训练 365 题》（简称《365 题》）。

在《复习全书》的撰写过程中，编者参考了各大院校指定的材料力学教材和四十多所院校的近十年真题，从中挑选了一些经典题作为例题，按照"知识点—题型—例题—综合题"的方式进行编排，归纳总结了 75 种常考题型，每种题型下均有若干例题，不仅给出了详细的解答过程，还对重要的解题方法、解题技巧、易错点和难点进行了批注。值得一提的是，《复习全书》共 346 道题，其中 94% 为各大院校历年材料力学考研真题，近五年（2018—2022 年）真题比例高达 42%，是本书的一大特色。

《365 题》与《复习全书》配套使用可实现最佳学习效果，在完成知识点的学习，掌握常考题型的解题方法和技巧后，考生可通过练习《365 题》来检验学习效果，巩固做题能力，提高做题速度和准确度。在题目的选取上，《365 题》也是以各大院校材料力学考研真题为主，92% 为真题，其中近五年（2018—2022 年）真题占比高达 51%。希望考生一节一节地学，一题一题地练，最终建立完整的考研材料力学知识框架，实现真正意义上的"稳扎稳打"。

为了更好地帮助考生复习，请购买本丛书的考生加入 QQ 交流群，我们会在群里提供针对本丛书的免费答疑。此外，在考研材料力学复习中遇到任何问题，均可添加编者微信，我们将尽心为您解答。

（QQ 交流群）

（编者微信）

最后希望本丛书能为考生们的复习备考带来帮助。限于编者水平，书中难免有不足和疏漏之处，恳请读者批评指正。祝大家复习顺利、心想事成、考研成功。

编　者

2023 年 2 月

目　　录

第一篇　材料力学（Ⅰ）

第二篇　材料力学（Ⅱ）

第一篇　材料力学（Ⅰ）

第一章　绪论

题型一：材料力学的任务、基本假设

【第1题】简述材料力学的主要任务。（上海交通大学 2020）

【第2题】工程中的_____是指构件抵抗破坏的能力，_____是指构件抵抗变形的能力。（暨南大学 2019）

【第3题】下列结论中哪些是正确的？（　　）（昆明理工大学 2014）
（1）为保证构件能正常工作，应尽量提高构件的强度；
（2）为保证构件能正常工作，应尽量提高构件的刚度；
（3）为保证构件能正常工作，应尽量提高构件的稳定性；
（4）为保证构件能正常工作，应尽量提高构件的强度、刚度和稳定性。
A.（1）（2）（3）　　　　　　　　　　B.（3）（4）
C. 全对　　　　　　　　　　　　　　　D. 全错

【第 4 题】根据小变形假设，可以认为（　　）。（扬州大学 2011）

A．构件的变形远小于构件的原始尺寸 　　　　B．构件不变形

C．构件仅发生弹性变形 　　　　　　　　　　D．构件不破坏

【第 5 题】各向同性假设认为，材料沿各个方向具有相同的（　　）。（暨南大学 2020）

A．力学性能 　　　　B．外力 　　　　C．变形 　　　　D．位移

【第 6 题】根据各同向性假设，可认为构件的下列各量中某一种量在各方向都相同的正确答案是（　　）。（昆明理工大学 2017）

A．应力 　　　　　　B．材料的弹性常数 　　C．应变 　　　　D．位移

【第 7 题】什么是材料力学中"各向同性"假定？试举一例说明何种材料不符合"各向同性"假定。（武汉大学 2011）

题型二：外力、内力、截面法、应力

【第 8 题】在下列关于内力与应力的讨论中，正确的说法是（　　）。（昆明理工大学 2015）

A．内力是应力的代数和　　　　　　B．内力是应力的矢量和

C．应力是内力的平均值　　　　　　D．应力是内力的分布集度

【第 9 题】受力构件上一点处的应力，即是（　　）。（昆明理工大学 2018）

A．该截面上单位面积的内力

B．该截面上内力的集度

C．该截面上该点处内力的集度

D．该截面上内力的平均值

【第 10 题】何谓内力？何谓应力？何谓小变形假设，此假设在材料力学中有何作用？（中国科学技术大学 2011）

题型三：变形与应变

【第 11 题】关于弹性体受力后某一方向的应力与应变关系有如下论述，其中正确的是（   ）。（昆明理工大学 2011）

A．有应力一定有应变，有应变不一定有应力

B．有应力不一定有应变，有应变不一定有应力

C．有应力不一定有应变，有应变一定有应力

D．有应力一定有应变，有应变一定有应力

【第 12 题】三个单元体变形后的形状分别如图 1.1 中虚线所示，对应三个图中的切应变分别是（   ）。（山东大学 2019）

A．0，2α，2α B．α，α，2α C．α，2α，2α D．0，2α，α

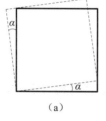
（a）

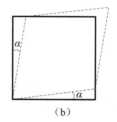
（b）

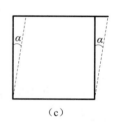
（c）

图 1.1

【第 13 题】下列结论中正确的是（   ）。（暨南大学 2016）

（1）应变分为线应变 ε 和剪应变 γ；

（2）应变为无量纲量；

（3）若物体的各部分均无变形，则物体内各点的应变均为零；

（4）若物体内各点的应变均为零，则物体无位移。

A．（1）（2）   B．（3）（4）

C．（1）（2）（3）   D．全对

第二章　轴向拉伸与压缩

题型一：轴力、应力、应变

【第 14 题】下列关于应变的说法中错误的是（　　）。（东北林业大学 2020）

A．应变是描述位移的量　　　　　　　B．应变是描述变形的量

C．应变分为正应变、切应变　　　　　D．应变的量纲为单位一

【第 15 题】甲、乙两杆几何尺寸相同，轴向拉力相同，材料不同，则以下结论中正确的是（　　）。（昆明理工大学 2020）

A．两杆的应力相同　　　　　　　　　B．两杆的纵向应变相同

C．两杆的伸长量必相同　　　　　　　D．两杆的横向应变相同

【第 16 题】轴向拉伸杆，其正应力最大的截面是（　　）；切应力最大的截面是（　　）。（南京工业大学 2016）

A．横截面，45°斜面　　　　　　　　B．横截面，横截面

C．45°斜面，横截面　　　　　　　　D．45°斜面，45°斜面

【第17题】变截面杆如图 2.1 所示,设 F_1、F_2、F_3 分别表示杆件中截面 1—1、2—2、3—3 上的内力,则下列结论中正确的是 ( )。(昆明理工大学 2014)

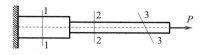

图 2.1

A. $F_1 \neq F_2$,$F_2 \neq F_3$ B. $F_1 = F_2$,$F_2 > F_3$

C. $F_1 = F_2$,$F_2 < F_3$ D. $F_1 = F_2$,$F_2 = F_3$

【第18题】图 2.2 所示简单桁架($\alpha \neq \beta$),杆 1 和杆 2 的横截面面积均为 A,许用应力均为 $[\sigma]$,设 F_{N1}、F_{N2} 分别表示杆 1 和杆 2 的轴力,则在下列结论中,错误的是 ( )。(重庆大学 2016)

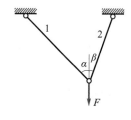

图 2.2

A. 荷载 $F = F_{N1} \cos \alpha + F_{N2} \cos \beta$

B. $F_{N1} \sin \alpha = F_{N2} \sin \beta$

C. 许用荷载 $[F] = [\sigma]A(\cos \alpha + \cos \beta)$

D. 许用荷载 $[F] < [\sigma]A(\cos \alpha + \cos \beta)$

【第19题】图 2.3 所示杆件中,由力的可传性原理,将力 P 由位置 B 移至 C,则 ( )。(南京工业大学 2015)

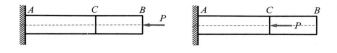

图 2.3

A. 固定端 A 的约束反力不变   B. 杆件的内力不变,但变形不同

C. 杆件的变形不变,但内力不同   D. 杆件的内力和变形均保持不变

【第20题】如图2.4所示，等截面轴向拉杆由胶缝胶合而成，杆的强度由胶缝控制，已知胶的许用切应力$[\tau]$为许用正应力$[\sigma]$的1/2，当α为多少时，胶缝处的切应力和正应力同时达到各自的许用应力。（中国矿业大学 2011）

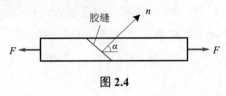

图 2.4

【第21题】轴向压缩时的最大切应力发生在 45° 的斜截面上，而由铸铁的压缩试验发现，试样的破坏是大致沿 55° 的斜截面剪断的。若铸铁的内摩擦因数 $f = 0.35$，试证：试样受压时（图2.5），其破坏面法线与试样轴线间的倾角约为 55°。（提示：考虑材料的内摩擦，在临近破坏时，导致斜截面发生移动的应是斜截面上的切应力τ与摩擦力集度$f\sigma$之差）（重庆大学 2018）

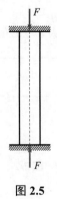

图 2.5

题型二：拉压杆强度设计

【第 22 题】图 2.6 所示铰接结构由杆 *AB* 和杆 *AC* 组成，横截面面积均为 A=200 mm²，两杆的材料相同，许用应力[σ]=160 MPa，试求结构的许用荷载[F]。（东北林业大学 2021）

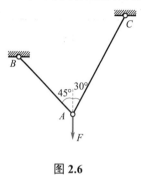

图 2.6

【第 23 题】如图 2.7 所示矩形截面杆件，已知 F =12 kN，[σ]=100 MPa，应力集中的影响忽略不计，求槽口的允许深度 h。（扬州大学 2020）

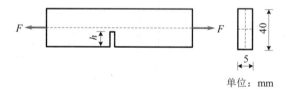

单位：mm

图 2.7

【第24题】如图2.8所示，杆1和杆2的横截面面积为A，材料的弹性模量为E，其拉伸许用应力为$[\sigma_t]$，压缩许用应力为$[\sigma_c]$，且$[\sigma_c]=2[\sigma_t]$，荷载F可以在刚性梁BCD上移动，若不考虑杆的失稳，当x为何值时（$0 \leqslant x \leqslant 2l$），$F$的许用值最大，且最大许用值为多少？（南京工业大学2016）

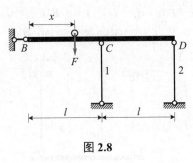

图2.8

【第25题】某拉伸试验机的结构示意图如图2.9所示。设试验机的CD杆与试样AB的材料同为低碳钢，其$\sigma_p =200$ MPa，$\sigma_s =240$ MPa，$\sigma_b =400$ MPa。试验机的最大拉力为100 kN。（1）用这一试验机做拉断试验时，试样直径d最大可达何值？（2）若设计时取试验机的安全因数$n =2$，则CD杆的横截面面积为多少？（3）若试样直径$d =10$ mm，今欲测弹性模量E，所加荷载的最大限定值为多少？（吉林大学2012）

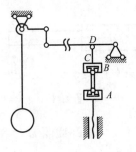

图2.9

题型三：拉压杆的位移计算

【第 26 题】结构受力及尺寸如图 2.10 所示，其中 BD 为刚体，弹性杆 1、2 材料相同，横截面形状均为圆形，直径比值为 $d_1 : d_2 = 2 : 1$，在 BD 上作用有铅垂荷载 F，若使刚体 BD 保持水平位置，则 $x : a = ($ $)$。（石家庄铁道大学 2020）

A．$1 : 2$　　　　　B．$1 : 3$　　　　　C．$1 : 4$　　　　　D．$1 : 5$

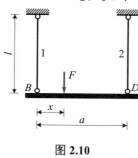

图 2.10

【第 27 题】由同一种材料组成的变截面杆的截面面积分别为 $2A$ 和 A，受力如图 2.11 所示，弹性模量为 E，下列结论中正确的是（   ）。（湖南大学 2016）

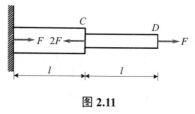

图 2.11

A．截面 D 位移为 0

B．截面 D 位移为 $\dfrac{Fl}{2EA}$

C．截面 C 位移为 $\dfrac{Fl}{2EA}$

D．截面 C 位移为 $\dfrac{Fl}{EA}$

【第28题】某变截面杆如图2.12所示，两部分的横截面面积分别为A和$2A$，杆的长度和受力如图所示，材料的弹性模量为E，试：（1）画轴力图；（2）确定杆件的最大拉、压应力；（3）确定杆的总伸长。（哈尔滨工程大学2019）

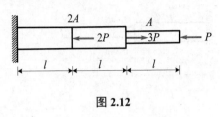

图2.12

【第29题】图2.13所示轴向受力杆由三段组成，每段长度均为l，弹性模量为E，横截面面积为A。（1）求最大轴力F_{Nmax}；（2）求横截面上的最大正应力σ_{max}；（3）求D截面沿杆轴线方向的位移$\varDelta_D$。（河海大学2013）

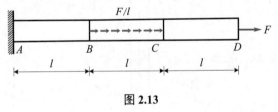

图2.13

【第 30 题】图 2.14 所示阶梯状钢杆 AB 段的横截面面积 A_1=200 mm²，BC 段的横截面面积 A_2=100 mm²，已知钢材的弹性模量 E=210 GPa，试求杆 a、b 两点间沿纵向的相对位移 Δ_{ab}。（山东大学 2018）

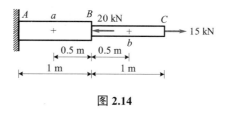

图 2.14

【第 31 题】受拉钢索在工作时应考虑其自重，图 2.15 所示钢索材料密度为 ρ，截面面积为 A，长度为 l，弹性模量为 E，在受到图示荷载 P 作用时，求其总伸长量和变形后长度。（南昌大学 2019）

图 2.15

【第32题】如图 2.16 所示，圆锥形杆长为 l，头部小直径为 D_1，大直径为 D_2，受轴向拉力 F 作用，设材料的弹性模量为 E，试求杆的伸长。（太原理工大学 2020）

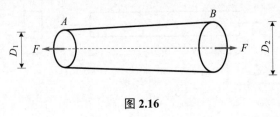

图 2.16

【第33题】图 2.17 所示正方形等截面拉杆，横截面的边长为 $2\sqrt{2}$ cm，拉杆材料的弹性模量 $E = 200$ GPa，泊松比 $v = 0.3$，当杆受到轴向拉力作用后，横截面对角线缩短了 0.012 mm，试求该杆轴向拉力 F 的大小。（北京交通大学 2017）

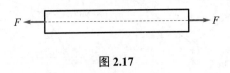

图 2.17

【第 34 题】一拉杆截面如图 2.18 所示,在集中拉力 F 作用下产生变形,已知拉杆伸长为 Δl,截面高度变化为 Δh,求该杆的泊松比 v 及弹性模量 E。(大连理工大学 2012)

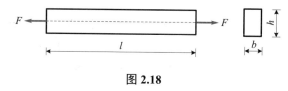

图 2.18

【第 35 题】图 2.19 所示简单铰接杆系结构,两杆的长度均为 $l = 500$ mm,横截面面积均为 $A = 1\,000$ mm², 材料的应力-应变关系如图所示,其中,$E_1 = 100$ GPa,$E_2 = 20$ GPa,计算当 $F = 120$ kN 时,节点 B 的位移。(南京航空航天大学 2018)

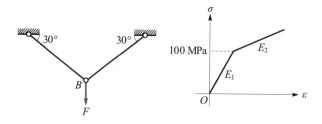

图 2.19

【第36题】图 2.20 所示钢杆直径 $d = 10$ mm，受轴向拉力 $F = 10$ kN 作用，钢材的应力-应变关系如图所示，已知泊松比 $v = 0.3$，求此钢杆的直径改变量 Δd。（大连理工大学 2016）

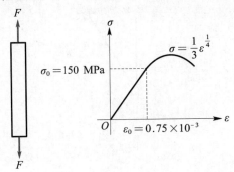

图 2.20

题型四：应变能和能量法计算位移

【第37题】计算图 2.21 所示桁架节点 A 的竖向位移。各杆拉压刚度均为 EA。（燕山大学 2012）

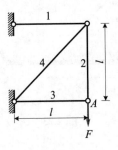

图 2.21

【第 38 题】设各杆截面的拉压刚度均为 EA，试计算图 2.22 所示桁架节点 A 的水平与竖向位移。（燕山大学 2018）

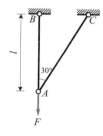

图 2.22

【第 39 题】图 2.23 所示受力结构，AB 为刚性杆，CD 为钢制斜拉杆，已知杆 CD 的横截面积 $A = 100$ mm^2，弹性模量 $E = 200$ GPa，荷载 $F_1 = 5$ kN，$F_2 = 12$ kN，试求：（1）杆 CD 的伸长量 Δl；（2）点 B 的垂直位移 Δ_B。（南昌大学 2015）

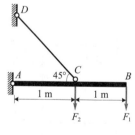

图 2.23

【第 40 题】 图 2.24 所示结构中，杆 AB 为刚性杆，杆 1、2、3 的材料相同，弹性模量为 200 GPa，横截面面积 $A_1 = 2A_2 = 2A_3 = 200$ mm^2，外力 $F = 20$ kN，$l = 1$ m，试求 C 点水平位移 Δ_x 和竖向位移 Δ_y。（重庆大学 2014）

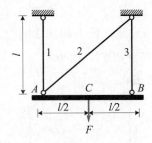

图 2.24

【第 41 题】 图 2.25 所示为两杆组成的简单桁架，两杆均由弹性模量为 E 的材料制成，设杆 1 和杆 2 的横截面面积分别为 A_1 和 A_2，且有 $A_1 = \sqrt{2} A_2$。若在节点 B 处承受与铅垂线成 θ 角的荷载 F，试求当节点 B 的总位移与荷载 F 的方向相同时的角度 θ 值。（浙江大学 2012）

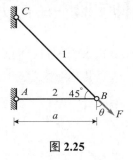

图 2.25

【**第 42 题**】如图 2.26 所示，AB 梁为刚性梁，重量忽略不计，在 A 和 B 处分别由两根竖直杆悬挂于空中，圆截面杆 1 长为 l，直径为 d，弹性模量为 E，圆截面杆 2 长为 $0.5l$，直径为 $2d$，弹性模量为 $0.5E$，AB 间的距离为 a，现在悬挂点 A 和 B 之间施加一竖直向下的集中力 P，试求：（1）集中荷载 P 加在何处，才能使加力后的刚梁仍然保持水平；（2）此时杆 1 和杆 2 的轴力分别为多大；（3）此时杆 1 和杆 2 的应变能分别为多少；（4）此时刚性梁 AB 的竖向位移为多大。（浙江大学 2012）

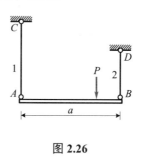

图 2.26

题型五：拉伸实验——应力-应变曲线

【**第 43 题**】如图 2.27 所示，a、b、c 代表三种材料的应力-应变曲线，其中弹性模量最大的是_____，塑性最好的是_____。（东北林业大学 2020）

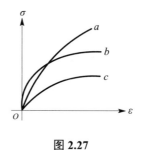

图 2.27

【第 44 题】用标距 50 mm 和 100 mm 的两种拉伸试样，测得低碳钢的屈服极限分别为 σ_{s1}，σ_{s2}，伸长率分别为 δ_5，δ_{10}，比较两试样的结果，则有（　　）。（扬州大学 2020）

A．$\sigma_{s1} < \sigma_{s2}$，$\delta_5 > \delta_{10}$　　　　　　B．$\sigma_{s1} < \sigma_{s2}$，$\delta_5 = \delta_{10}$

C．$\sigma_{s1} = \sigma_{s2}$，$\delta_5 > \delta_{10}$　　　　　　D．$\sigma_{s1} = \sigma_{s2}$，$\delta_5 = \delta_{10}$

【第 45 题】现有钢、铸铁两种棒材。其直径相同，从承载能力和经济效益两个方面考虑，图 2.28 所示结构中两杆的合理选材方案是（　　）。（昆明理工大学 2012）

A．杆 1 为钢，杆 2 为铸铁　　　　　B．杆 1 为铸铁，杆 2 为钢

C．两杆均为钢　　　　　　　　　　D．两杆均为铸铁

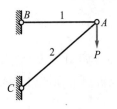

图 2.28

【第 46 题】金属试件测试长度 L 为 200 mm，加载到 $[\sigma] = 380$ MPa 时产生屈服。保持这一荷载，使测试长度增加到 $L' = 208.0$ mm，然后完全卸载，此时测试长度 L_r 成为 204.0 mm 而不能恢复。用理想弹塑性模型计算试件的弹性模量。（四川大学 2018）

【第 47 题】画出低碳钢拉伸时应力-应变（σ-ε）曲线并标出四个阶段；写出强度指标、塑性指标的名称和计算式。（浙江工业大学 2020）

【第 48 题】低碳钢试件的应力-应变曲线如图 2.29 所示，试件在 f 点被拉断。图中代表材料延伸率的线段是_____，代表试件拉断时的弹性应变的线段是_____。（重庆大学 2011）

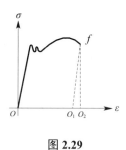

图 2.29

【第 49 题】弹性模量 E 的物理意义是什么？如低碳钢的弹性模量 $E_s = 210\ \text{GPa}$，混凝土的弹性模量 $E_c = 28\ \text{GPa}$，假设低碳钢和混凝土杆横截面形状完全相同，试求下列各项：

（1）在横截面上正应力 σ 相等的情况下，钢和混凝土杆的纵向线应变 ε 之比；

（2）在纵向线应变 ε 相等的情况下，钢和混凝土杆横截面上正应力 σ 之比；

（3）当纵向线应变 $\varepsilon = 0.000\,15$ 时，钢和混凝土杆横截面上正应力 σ 的值。（暨南大学 2019）

【第 50 题】某材料的应力-应变曲线可近似用图 2.30 所示的折线 OAB 表示，图中比例极限 $\sigma_p = 80\ \text{MPa}$，直线 OA、CD 的斜率即弹性模量 $E = 70\ \text{GPa}$，硬化阶段直线 AB 的斜率 $E' = 30\ \text{GPa}$，求：（1）当应力沿 OAC 应力-应变曲线增加到 $\sigma_1 = 100\ \text{MPa}$ 时，试计算相应总应变 ε_1、弹性应变 ε_{1e} 与塑性应变 ε_{1p}；（2）如果上述应力沿 CD 应力-应变曲线减小至 0，然后再加载至 $\sigma_2 = 60\ \text{MPa}$，则相应总应变 ε_2、弹性应变 ε_{2e} 与塑性应变 ε_{2p} 又为何值。（暨南大学 2019）

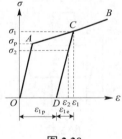

图 2.30

题型六：连接件强度计算

【第 51 题】销钉如图 2.31 所示，b、h、d 已知，剪切面积为_____，挤压面积为_____。（湖南大学 2019）

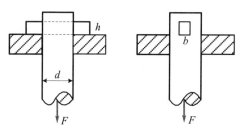

图 2.31

【第 52 题】图 2.32 所示结构中，拉杆的剪切面积是（　　）。（暨南大学 2017）

A. a^2 B. $a^2 - \dfrac{\pi d^2}{4}$ C. $\dfrac{\pi d^2}{4}$ D. πdb

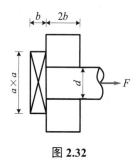

图 2.32

【第 53 题】如图 2.33 所示，一直径为 d 的钢柱置于厚度为 δ 的钢板上，承受压力 F 作用，则钢板的剪切面面积等于_____，挤压面积等于_____。（暨南大学 2019）

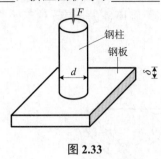

图 2.33

【第 54 题】若图 2.34 中板和铆钉为同一材料，且已知 $[\sigma_{bs}]=2[\tau]$，为了充分提高材料的利用率，则铆钉的直径 d 应该为（　　）。（昆明理工大学 2020）

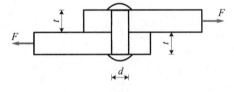

图 2.34

A. $d = 2t$ B. $d = 4t$ C. $d = \dfrac{4t}{\pi}$ D. $d = \dfrac{8t}{\pi}$

【第 55 题】矩形截面木杆接头受力如图 2.35 所示，许用挤压应力 $[\sigma_{bs}]=10$ MPa，许用剪切应力 $[\tau]=1$ MPa，许用拉伸应力 $[\sigma_t]=6$ MPa。试求接头尺寸 a、c 和 l。（湖南大学 2015）

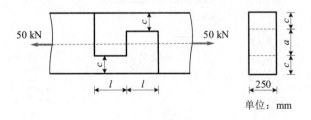

图 2.35

【第 56 题】如图 2.36 所示，一正方形截面的混凝土柱浇筑在混凝土基础上，基础分两层，每层厚为 t。已知 $F = 200$ kN，假设地基对混凝土板的反力均匀分布，混凝土的许用切应力 $[\tau] = 1.5$ MPa。为使基础不被剪坏，则所需的厚度 t 值最小为_____。（重庆大学 2013）

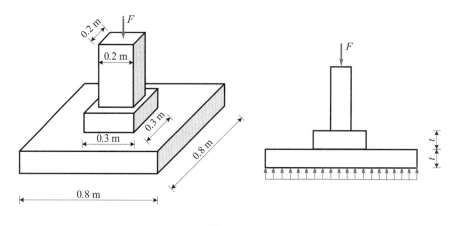

图 2.36

【第 57 题】图 2.37 所示直径为 d 的拉杆，其端头的直径为 D，高度为 h，试计算 D, h, d 之间的合理比值，$[\sigma] = 120$ MPa，$[\tau] = 90$ MPa，$[\sigma_{bs}] = 240$ MPa。（上海交通大学 2016）

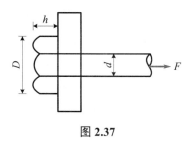

图 2.37

【第 58 题】图 2.38 所示冲床最大冲力为 400 kN，被剪钢板的剪切极限应力[τ]=360 MPa，冲头材料的许用压应力[σ]=440 MPa。试求在最大冲力作用下所能冲剪的圆孔最小直径 $d_{\min}$ 和最大厚度 $t_{\max}$。（燕山大学 2020）

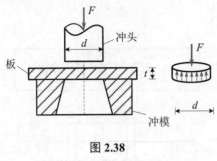

图 2.38

【第 59 题】如图 2.39 所示，用四个直径相同的铆钉连接拉板和托板。已知拉板与铆钉的材料相同，拉板宽度 $b = 80$ mm，板厚 $t = 10$ mm，铆钉直径 $d = 16$ mm，力 $F = 80$ kN，已知[τ]=100 MPa，[σ_{bs}]=300 MPa，[σ]=130 MPa，试校核拉板和铆钉的强度。（上海交通大学 2017）

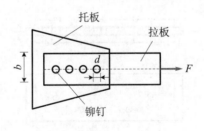

图 2.39

【第 60 题】图 2.40 所示接头由两块钢板用四个直径相同的钢铆钉搭接而成, 已知受拉荷载 $F = 80$ kN, 板宽 $b = 80$ mm, 板厚 $\delta = 10$ mm, 铆钉直径 $d = 16$ mm, 许用剪应力 $[\tau] = 100$ MPa, 许用挤压应力 $[\sigma_{bs}] = 300$ MPa, 许用拉应力 $[\sigma_t] = 160$ MPa, 试校核接头的强度。(太原理工大学 2020)

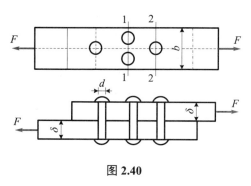

图 2.40

【第 61 题】图 2.41 所示为对接式铆钉连接, 已知板的宽度 $b = 150$ mm, 两盖板厚 $t_1 = 12$ mm, 两主板厚 $t_2 = 20$ mm, 铆钉直径 $d = 28$ mm, 连接中各部分材料相同, 其许用拉应力 $[\sigma_t] = 160$ MPa, 许用切应力 $[\tau] = 100$ MPa, 许用挤压应力 $[\sigma_{bs}] = 280$ MPa, 设外荷载 $F = 300$ kN, 试对连接作强度校核。(重庆大学 2020)

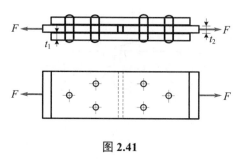

图 2.41

第三章 扭转

题型一：快速绘制扭矩图

【第 62 题】等截面圆轴配置四个皮带轮，各轮传递的力偶如图 3.1 所示。如何改变四个轮之间的相对位置，使轴的受力最合理？（   ）（重庆大学 2016）

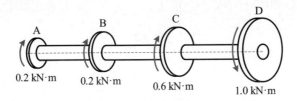

图 3.1

A. 将 C 轮与 D 轮对调

B. 将 B 轮与 D 轮对调

C. 将 B 轮与 C 轮对调

D. 将 B 轮与 D 轮对调，然后将 B 轮与 C 轮对调

【第 63 题】图 3.2 所示传动轴主动轮 A 输入力偶 M_A=9 550 N·m，从动轮 B、C 输出力偶分别为 M_B=3 820 N·m、M_C=5 730 N·m，试问主动轮与从动轮如何安排合理？（石家庄铁道大学 2013）

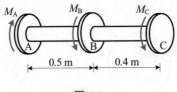

图 3.2

【第 64 题】 试绘制图 3.3 所示结构的扭矩图。

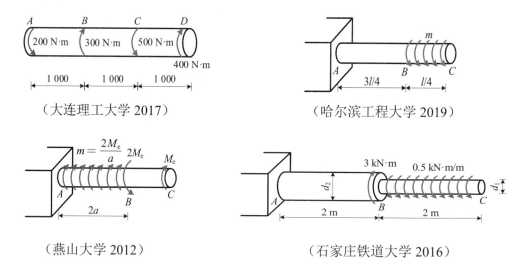

（大连理工大学 2017）

（哈尔滨工程大学 2019）

（燕山大学 2012）

（石家庄铁道大学 2016）

图 **3.3**

题型二：计算扭转切应力

【第 65 题】 实心圆轴受扭转力偶作用。横截面上的扭矩为 T，横截面上沿径向的切应力分布正确的是（　　）。（昆明理工大学 2014）

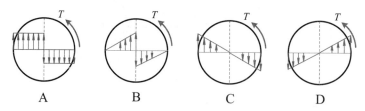

A　　　　　　　B　　　　　　　C　　　　　　　D

【第 66 题】圆轴由两种不同材料的内轴和套管牢固粘贴在一起，且套管剪切模量 G_2 大于内轴剪切模量 G_1，则扭转变形时横截面上剪应力分布正确的是（　　）。（暨南大学 2016）

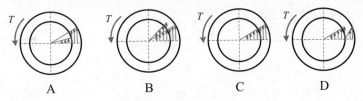

【第 67 题】图 3.4 所示受扭圆轴，当横截面为实心时，A 点的切应力 $\tau_A = 30$ MPa，当横截面为空心时，B 点的切应力 $\tau_B =$ _____，此时最大切应力 $\tau_{max} =$ _____。（重庆大学 2011）

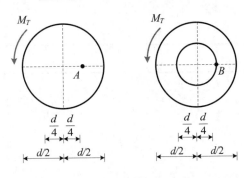

图 3.4

【第 68 题】实心圆轴受外力偶矩作用而扭转，若改用横截面面积相等、内外径之比为 0.5 的空心圆轴，其余条件不变，则圆轴的最大扭转切应力和抗扭刚度分别变为原来的（　　）。（扬州大学 2017）

A. $\dfrac{2\sqrt{3}}{5}$，$\dfrac{5}{3}$ 　　　　B. $\dfrac{2\sqrt{3}}{7}$，$\dfrac{5}{3}$ 　　　　C. $\dfrac{2\sqrt{3}}{5}$，$\dfrac{16}{9}$ 　　　　D. $\dfrac{3\sqrt{3}}{7}$，$\dfrac{16}{9}$

【第 69 题】内径为 d，外径为 D 的四根实心圆轴，两端均承受相同的扭转力偶作用。设四根轴的内外径之比 $\alpha = \dfrac{d}{D}$ 分别为 0、0.5、0.6 和 0.8，但横截面面积都相等，其承载能力最大的轴是（　　）。（湖南大学 2016）

A．$\alpha = 0$　　　　　　B．$\alpha = 0.5$　　　　　　C．$\alpha = 0.6$　　　　　　D．$\alpha = 0.8$

【第 70 题】如图 3.5 所示，实心圆轴 I 和空心圆轴 II 的材料、外力偶矩 M_e 和长度 l 均相同，最大切应力也相等。若空心圆截面的内、外径之比为 $\alpha = 0.8$，试求：（1）空心圆轴的外径 D_2 与实心圆轴的直径 d_1 之比；（2）空心圆轴与实心圆轴的重量之比。（石家庄铁道大学 2016）

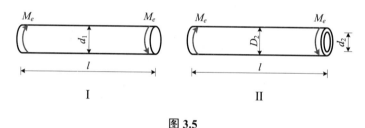

图 3.5

【第 71 题】钢质实心轴和铝质空心轴（内、外径比值 $\alpha = 0.6$）的长度及横截面面积均相等，而 $[\tau]_{钢} = 80$ MPa，$[\tau]_{铝} = 50$ MPa，若仅以强度条件考虑，试判断哪一根轴能承受较大的扭矩。（吉林大学 2013）

【第 72 题】两根材料、长度和受力情况均相同的圆轴,一根为实心圆轴,另一根为空心圆轴(内、外径比值为 α),二者最大扭转切应力相等。求二者抗扭刚度之比。(河海大学 2019)

【第 73 题】图 3.6 所示半径为 R 的圆轴,长为 l,承受扭转外力偶 M_e,材料的剪切应力-应变关系为 $\tau^2 = B\gamma$,式中 B 为材料常数。若圆轴扭转时刚性平面假设成立,试导出圆轴扭转切应力的表达式,并求最大切应力。(重庆大学 2021)

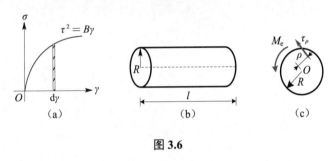

图 3.6

【第 74 题】图 3.7 所示等截面空心圆轴,外径 $D = 40$ mm,内径 $d = 20$ mm,外力偶矩 $m = 1$ kN·m。试计算横截面上的最大、最小扭转切应力,以及 A 点处($\rho_A = 15$ mm)的扭转切应力。(北京交通大学 2016)

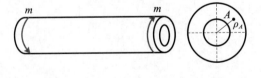

图 3.7

题型三：切应力互等定理

【第 75 题】图 3.8 所示单元体，已知右侧面上有与 y 方向成 θ 角的切应力 τ。试根据切应力互等定理，画出其他面上的切应力。

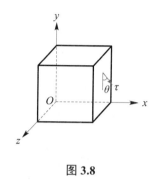

图 3.8

【第 76 题】等直圆轴的直径为 d，两端受如图 3.9 所示扭转力偶 M_e 的作用。在轴表面处测得与轴线成 $45°$ 方向的线应变为 $\varepsilon_{45°}$，求该轴材料的剪切弹性模量 G。（扬州大学 2020）

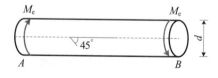

图 3.9

题型四：与相对扭转角有关的计算

【第 77 题】图 3.10 所示阶梯形圆轴，AB、BC 两段的材料相同，直径不等，设 AB 段、BC 段横截面上的最大切应力分别为 τ_{AB}、τ_{BC}，单位长度扭转角分别为 θ_{AB}、θ_{BC}，则该轴的强度条件和刚度条件中最大切应力 τ_{max} 和最大单位长度扭转角 θ_{max} 分别为（　　）。（扬州大学 2020）

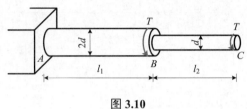

图 3.10

A．$\tau_{max}=\tau_{AB}$，$\theta_{max}=\theta_{AB}$

B．$\tau_{max}=\tau_{BC}$，$\theta_{max}=\theta_{BC}$

C．$\tau_{max}=\tau_{AB}$，$\theta_{max}=\theta_{BC}$

D．$\tau_{max}=\tau_{BC}$，$\theta_{max}=\theta_{AB}$

【第 78 题】已知图 3.11 中两圆轴的材质和横截面积均相同，若（a）图中 B 端面相对于 A 端面的转角为 φ，则（b）图中 B 端面相对于 A 端面的转角为（　　）。（西北农林科技大学 2015）

A．φ 　　　　B．2φ 　　　　C．3φ 　　　　D．4φ

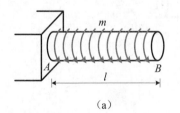 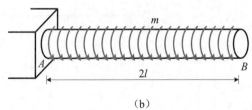

（a）　　　　　　　　　　　　　（b）

图 3.11

【第 79 题】图 3.12 所示等直圆杆，两端截面分别为 A 和 D，在 $ABCD$ 四个等截面处，分别有力偶 M_e 作用。圆杆横截面直径 $d = 30$ mm，$a = 0.4$ m，$G = 80$ GPa，若截面 C 相对截面 A 的扭转角 $\varphi_{AC} = 2°$，试求：（1）最大切应力；（2）截面 D 相对于截面 B 的扭转角。（三峡大学 2020）

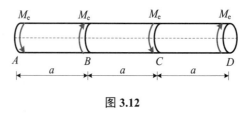

图 3.12

【第 80 题】如图 3.13 所示，一空心圆轴的外径 $D = 100$ mm，内径 $d = 50$ mm，已知间距为 $l = 2.7$ m 的两横截面的相对扭转角 $\varphi = 1.8°$，材料的切变模量 $G = 80$ GPa，试求：（1）轴内的最大切应力和最大切应变；（2）当轴以 $n = 80$ r/min 的速度旋转时，轴所传递的功率。（石家庄铁道大学 2017）

图 3.13

【第 81 题】如图 3.14 所示，一受扭转力偶作用的圆截面杆，长 $l = 1$ m，直径 $d = 20$ mm，材料的切变模量 $G = 80$ GPa，两端截面的相对扭转角 $\varphi = 0.1$ rad，试求：（1）外力偶矩 M_e；（2）横截面上的最大切应力；（3）杆外表面任意点处的切应变。（山东大学 2019）

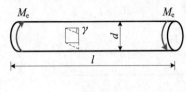

图 3.14

【第 82 题】如图 3.15 所示，钢制实心圆轴直径为 70 mm，AB 段长为 300 mm，AC 段长为 500 mm，已知：$M_1 = 1\ 592$ N·m，$M_2 = 955$ N·m，$M_3 = 637$ N·m，钢的切变模量 $G = 80$ GPa。试：（1）绘制该圆轴的扭矩图；（2）求横截面上的最大切应力；（3）求横截面 A 相对于 B 的扭转角；（4）求横截面 C 相对于 B 的扭转角。（海南大学 2021）

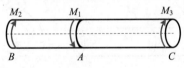

图 3.15

【第 83 题】 如图 3.16 所示，实心圆轴的直径 $d = 100$ mm，长 $l = 1$ m，左端固定，在自由端作用外力偶矩 M_e 时，右端截面上的 a 点移至 a' 点，且弧长 $aa' = 1$ mm。材料的切变模量 $G = 80$ GPa。试求：（1）两端截面间的相对扭转角和外力偶矩 M_e；（2）截面上 A、B、C 三点处的切应力大小和方向。（中南大学 2018）

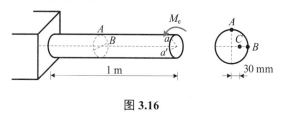

图 3.16

【第 84 题】 如图 3.17 所示，实心圆轴的直径为 D，长 $l = 1$ m，其两端所受外力偶矩 $M_e = 15$ kN·m，材料的切变模量 $G = 210$ GPa，许用切应力 $[\tau] = 90$ MPa，试求：（1）最小直径 D（取整数）；（2）此时最大切应力及两端截面间的相对扭转角；（3）C 点处的切应力，并在图上画出方向。（吉林大学 2017）

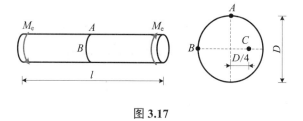

图 3.17

【第 85 题】如图 3.18 所示，一长为 l 的变截面圆轴，固定端直径为 $2d$，自由端直径为 d，材料的剪切模量为 G，受均布扭转力偶 m 作用，求自由端的扭转角。（中国科学院大学 2013）

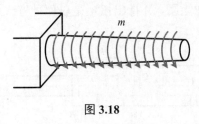

图 3.18

【第 86 题】图 3.19 所示变截面圆轴，长为 l，受扭转外力偶 M_e 作用，要求 A、B 两端的相对扭转角小于 $1°$，则 A、B 两端的直径 d_1 与 d_2 必须满足什么条件？（上海理工大学 2019）

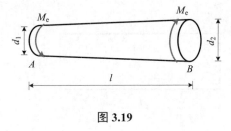

图 3.19

【第 87 题】如图 3.20 所示，一根套接的圆轴，承受外力偶矩 M_e 作用。已知实心轴的直径为 d，空心轴的直径为 $D = \sqrt{2}\,d$，两轴材料相同，切变模量为 G，图中 AB 段为套接区段。分别画出实心轴和空心轴的扭矩图，并指出扭矩是以何种方式从空心轴传至实心轴。（中南大学 2014）

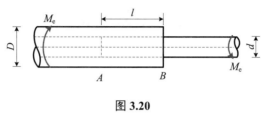

图 3.20

【第 88 题】如图 3.21 所示，一组合轴由变截面空心铜轴和实心钢轴组成，承受扭转外力偶 T，钢轴直径线性变化，两轴间无相对滑动，铜和钢的剪切弹性模量分别为 G_c 和 G_s。试求组合轴承受扭转外力偶时钢轴的最大切应力公式。（浙江工业大学 2012）

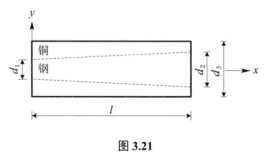

图 3.21

题型五：弹簧的应力与变形

【第89题】图 3.22 所示结构中，横梁为刚体。若 1、2 两根弹簧的簧圈平均半径、材料和簧丝的直径都相等，如要求两根弹簧的负担相同（即受力相等），试求两根弹簧的圈数之比。

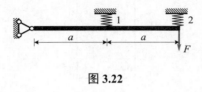

图 3.22

【第90题】圆锥形密圈螺旋弹簧承受轴向拉压 F 如图 3.23 所示，簧丝直径 $d = 10$ mm，上端面平均半径 $R_1 = 50$ mm，下端面平均半径 $R_2 = 100$ mm，材料的许用切应力 $[\tau] = 500$ MPa，切变模量为 G，弹簧的有效圈数为 n。试求：（1）弹簧的许用拉力；（2）证明弹簧的伸长 $\Delta = \dfrac{16Fn}{Gd^4}(R_1 + R_2)(R_1^2 + R_2^2)$。

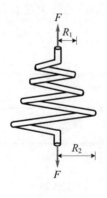

图 3.23

题型六：等直非圆杆的扭转

【第 91 题】如图 3.24 所示，M_n 为矩形截面杆横截面上的扭矩，试画出 a、b、c 三点与 M_n 对应的剪应力的方向，并简述理由。（哈尔滨工程大学 2020）

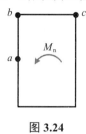

图 3.24

【第 92 题】图 3.25 所示矩形截面钢杆承受一对外力偶矩 $M_e = 3$ kN·m，已知材料的切变模量 $G = 80$ GPa。试求：（1）杆内最大切应力的大小、位置和方向；（2）横截面短边中点处的切应力；（3）杆的单位长度扭转角。

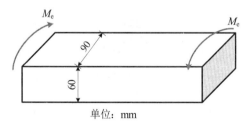

单位：mm

图 3.25

【第 93 题】图 3.26 所示一长度为 l、边长为 a 的正方形截面轴，承受扭转外力偶矩 M_e，材料的切变模量为 G。试求：（1）轴内最大正应力的作用点、截面方位及数值；（2）轴的最大相对扭转角。

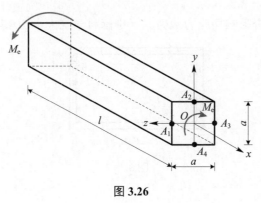

图 3.26

题型七：与薄壁杆自由扭转有关的计算

【第 94 题】图 3.27 所示为薄壁杆的两种不同形状的横截面，其壁厚及管壁中线的周长均相同，两杆的长度和材料也相同。当在两端承受相同的一对扭转外力偶矩时，试求：（1）最大切应力之比；（2）相对扭转角之比。

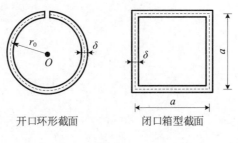

开口环形截面　　　　闭口箱型截面

图 3.27

【第 95 题】在横截面厚度 δ 与面积 A 不变的情况下，令 $\beta = \dfrac{a}{b}$ 可以改变，如图 3.28 所示，在扭转力偶作用下自由扭转。（1）试证明横截面上切应力 τ 正比于 $\dfrac{(1+\beta)^2}{\beta}$ ；（2）若将上述闭口改为开口，β 是否影响切应力数值。（中国科学院大学 2017）

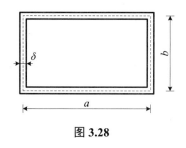

图 3.28

第四章 弯曲应力

题型一：列方程作剪力图和弯矩图

【第 96 题】图 4.1 所示梁的剪力和弯矩方程是（　　）。（湖南大学 2018）

A. $F_S(x) = \dfrac{3q_0 x}{3}$，$M(x) = \dfrac{3q_0 x^2}{4} x$

B. $F_S(x) = \dfrac{q_0 x^2}{l} - 2q_0 x$，$M(x) = \dfrac{q_0 x^3}{3l} - q_0 x^2$

C. $F_S(x) = \dfrac{q_0 x^2}{4l} - \dfrac{q_0 x}{2}$，$M(x) = \dfrac{q_0 x^3}{8l} - \dfrac{q_0 x^2}{2}$

D. $F_S(x) = \dfrac{q_0 x^2}{2l} - 2q_0 x$，$M(x) = \dfrac{q_0 x^3}{6l} - q_0 x^2$

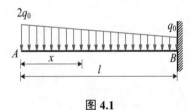

图 4.1

【第 97 题】写出图 4.2 所示结构的剪力方程和弯矩方程，并画出剪力图、弯矩图。（上海交通大学 2014）

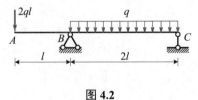

图 4.2

【第 98 题】试写出图 4.3 所示各梁的剪力方程和弯矩方程, 并作剪力图和弯矩图。

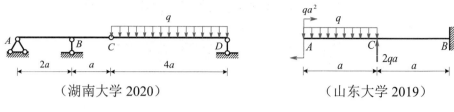

（湖南大学 2020）　　　　　　　　（山东大学 2019）

图 4.3

题型二：快速绘制剪力图和弯矩图

【第99题】画出图 4.4 所示结构的剪力图和弯矩图。

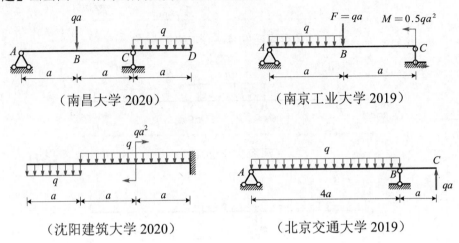

（南昌大学 2020）　　　　　　（南京工业大学 2019）

（沈阳建筑大学 2020）　　　　（北京交通大学 2019）

图 4.4

【第 100 题】画出图 4.5 所示结构的剪力图和弯矩图。

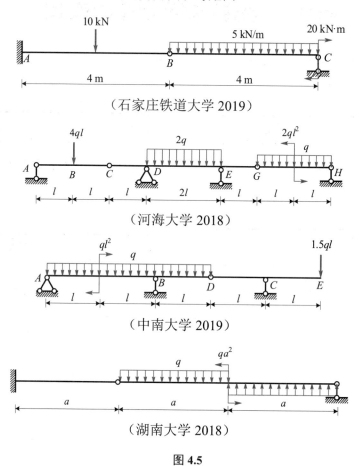

（石家庄铁道大学 2019）

（河海大学 2018）

（中南大学 2019）

（湖南大学 2018）

图 4.5

【第 101 题】 画出图 4.6 所示刚架的轴力图、剪力图和弯矩图。

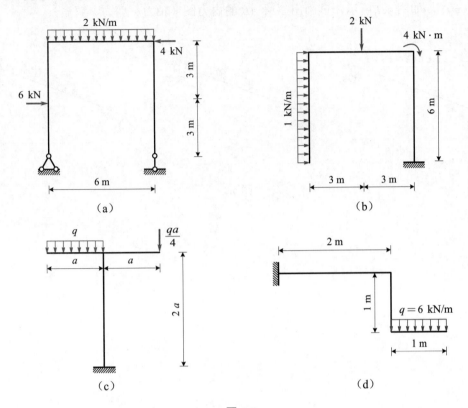

图 4.6

【第 102 题】简支斜梁 AB 与水平夹角为 30°，A 端为固定铰支座，可动铰支座 B 端与 AB 夹角为 60°，如图 4.7 所示，试画出斜梁 AB 的内力图（轴力、剪力、弯矩）。

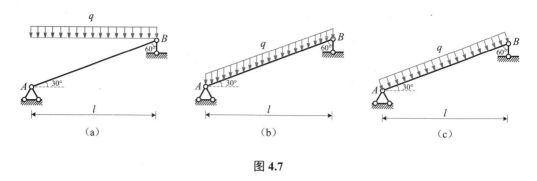

图 4.7

题型三：已知弯矩图、剪力图画荷载图

【**第 103 题**】如图 4.8 所示四根梁中，荷载图与给出的弯矩图不相符的梁是（ ）。（扬州大学 2020）

弯矩图

图 4.8

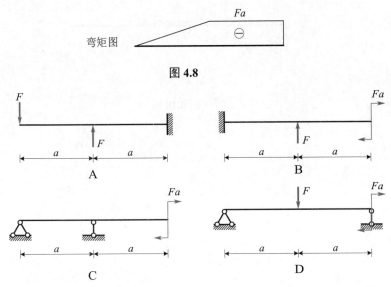

A

B

C

D

【**第 104 题**】悬臂梁弯矩图如图 4.9 所示，试画出梁的荷载图及剪力图。（武汉大学 2011）

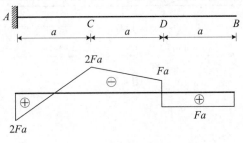

图 4.9

【第 105 题】 已知梁的弯矩图如图 4.10 所示，作梁的荷载图和剪力图。（湖南大学 2015）

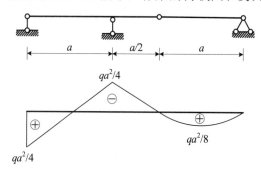

图 4.10

【第 106 题】 梁的剪力图如图 4.11 所示，作梁的荷载图和弯矩图，已知梁上无集中力偶作用。（石家庄铁道大学 2013）

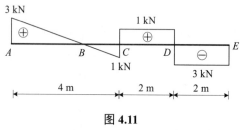

图 4.11

题型四：曲杆的内力图

【第 107 题】试作出图 4.12 所示曲杆的弯矩图。

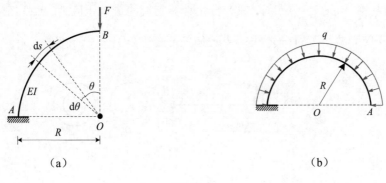

（a）　　　　　　　　　　　　　　　（b）

图 **4.12**

【第 108 题】试作图 4.13 所示曲杆的弯矩图和扭矩图。（荷载 P 垂直于曲杆所在平面）

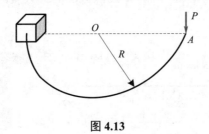

图 **4.13**

题型五：计算弯曲正应力和切应力

【第 109 题】图 4.14 所示受均布荷载的简支梁，若分别采用截面面积相等的实心和空心圆截面，且 $D_1 = 40$ mm，$\dfrac{d_2}{D_2} = 0.6$。（1）分别计算它们的最大正应力；（2）空心截面比实心截面的最大正应力减小了百分之几？（上海交通大学 2019）

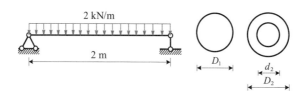

图 4.14

【第 110 题】图 4.15 所示一 T 形梁放置在铰支座 A 点和 B 点上，在梁的外伸部分 AC 受到均布荷载 q=15 N/m，梁 D 点受到集中荷载 $F = 30$ kN，梁的弯曲刚度为 EI，试求：（1）T 形梁截面形心的位置；（2）梁的弯矩图；（3）梁 D 点截面的最大弯曲拉应力和最大弯曲压应力。（浙江大学 2018）

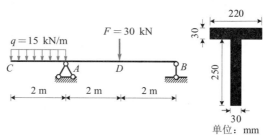

图 4.15

【第 111 题】已知梁的横截面是由一个大矩形中挖出一个小矩形而形成，其几何尺寸如图 4.16 所示，长度单位为 mm。横向荷载作用在纵向对称平面内，该截面上的弯矩 M =12 kN·m，剪力 F_Q =12 kN。试计算该截面上：（1）A、B 两点处的正应力；（2）最大正应力 $|\sigma|_{max}$ 和最大切应力 $|\tau|_{max}$；（3）沿截面高度方向的正应力和剪应力分布图。（浙江工业大学 2019）

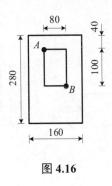

图 4.16

【第 112 题】槽形截面铸铁悬臂梁的尺寸及其承载如图 4.17 所示，z 轴表示截面中性轴，许用拉、压应力分别为 $[\sigma_t]$ = 30 MPa 和 $[\sigma_c]$ = 90 MPa。试求：（1）最合理横截面尺寸 t；（2）梁横截面上的最大拉应力和最大切应力。（石家庄铁道大学 2017）

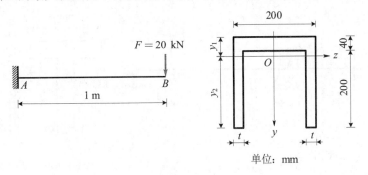

图 4.17

【第113题】槽形截面铸铁梁受力如图 4.18（a）所示，已知材料抗拉、抗压强度极限分别为 σ_b^+ = 150 MPa，σ_b^- =600 MPa。梁截面如图 4.18（b）所示，C 为形心，形心至横截面上、下表面的距离分别为 y_2 = 146.7 mm，y_1 = 53.3 mm，截面绕 z 轴的惯性矩 I_z=2.9×10^7 mm⁴，试求此梁的安全因数，若将截面倒置成 Π 形，如图 4.18（c）所示，则安全因数又是多少？（湖南大学 2014）

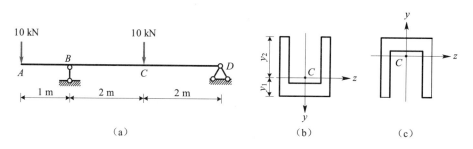

（a）　　　　　　（b）　　　　　（c）

图 4.18

【第114题】已知铸铁梁的荷载及横截面尺寸如图 4.19 所示，许用拉应力[σ_t] = 40 MPa，许用压应力[σ_c] = 160 MPa，试按正应力强度条件校核该梁的强度。已知横截面形心距顶端 72.5 mm，对中性轴的惯性矩 I_z=6.013×10^7 mm⁴。（燕山大学 2020）

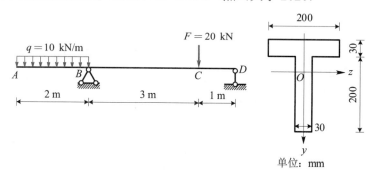

单位：mm

图 4.19

题型六：校核梁的强度

【第115题】横截面为矩形的木梁受力如图 4.20 所示，已知 $q=1.3$ kN·m，矩形横截面的尺寸为 60 mm×120 mm，其许用弯曲正应力$[\sigma] = 10$ MPa，试：（1）作出剪力图、弯矩图；（2）校核该梁的正应力。（西安工业大学 2021）

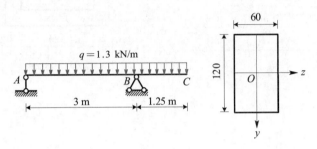

图 4.20

【第116题】工字形截面梁 *ABD*，所受荷载及几何尺寸如图 4.21 所示，已知梁的材料为铸铁，许用拉应力$[\sigma_t] = 32$ MPa，许用压应力$[\sigma_c] = 80$ MPa，许用切应力$[\tau] = 25$ MPa，z 轴为截面的中性轴，$I_z=235×10^6$ mm⁴。（1）校核该梁的正应力强度和切应力强度；（2）若将梁的截面倒置是否合理？为什么？（石家庄铁道大学 2011）

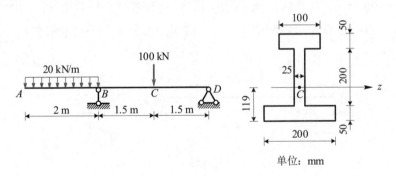

单位：mm

图 4.21

【第 117 题】一铸铁梁如图 4.22 所示。已知 $[\sigma_t] = 60$ MPa，$[\sigma_c] = 120$ MPa，试求：（1）截面的形心位置和惯性矩 I_{zc}；（2）校核梁的强度。（河海大学 2021）

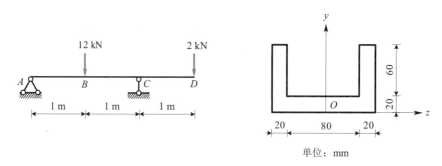

图 4.22

【第 118 题】箱式变截面梁起重机（俗称行车）是近年来普遍使用的结构形式（图 4.23）。为简单起见，梁自重简化为集度 $q=1\,400$ N/m 的均布荷载，设计起吊荷载为 $F=50$ kN。梁使用厚度为 10 mm 的钢板焊接而成，中心截面 C 处梁高 $H = 600$ mm，两端（A、B 处）梁高 $H = 300$ mm，宽度为 300 mm。设材料为 Q235 钢，$\sigma_s = 235$ MPa，安全因数取 1.8，许用切应力 $[\tau] = 100$ MPa，梁的跨度为 $l = 20$ m。试校核该结构的强度（注：梁的弯曲正应力强度仅校核中心截面 C 即可，两端需考虑弯曲切应力强度）。（南京航空航天大学 2018）

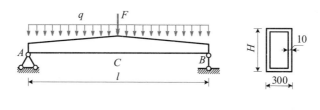

图 4.23

【第119题】T形截面悬臂梁如图4.24所示,自由端受通过截面形心的竖向力 $F = 20$ kN 作用。截面尺寸如图所示,C 为形心,已知梁长度 $L = 1$ m,材料的弹性模量和泊松比分别为 $E = 200$ GPa,$v = 0.25$,且 $[\sigma] = 160$ MPa,试校核梁强度(忽略由约束扭转引起的轴向拉压力)。(同济大学 2017)

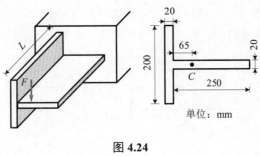

图 4.24

【第120题】图示简支梁,受力和截面尺寸如图4.25所示。荷载 $F = 48$ kN,可在 AB 梁上移动,已知材料的许用正应力 $[\sigma] = 200$ MPa,许用切应力 $[\tau] = 40$ MPa。试校核梁的强度。(中南大学 2022)

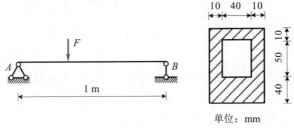

图 4.25

题型七：确定梁的许用荷载

【第 121 题】一 T 形铸铁外伸梁受力如图 4.26 所示，已知 $I_z = 5\,000 \times 10^4\,\text{mm}^4$，$y_1 = 70\,\text{mm}$，$y_2 = 130\,\text{mm}$，$z$ 轴过截面形心，材料许用拉应力 $[\sigma_t] = 35\,\text{MPa}$，许用压应力 $[\sigma_c] = 120\,\text{MPa}$。试求：（1）如图（a）放置时的许用荷载；（2）图（a）（b）两种放置哪种合理？为什么？（中国矿业大学 2016）

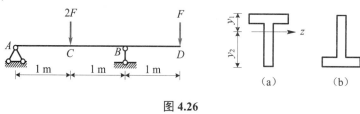

图 4.26

【第 122 题】图 4.27 所示简支梁承受三角形荷载，在梁右端有最大荷载集度 q，梁的截面尺寸如图所示，材料的许用应力 $[\sigma] = 125\,\text{MPa}$，梁的重量不计。试求荷载集度 q 的最大值。（中南大学 2016）

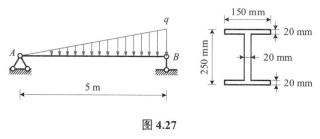

图 4.27

【第123题】T形截面铸铁梁如图4.28所示，截面对中性轴z轴的惯性矩$I_z = 7.64 \times 10^{-6}$ m^4，梁材料的许用拉应力$[\sigma_t] = 30$ MPa，许用压应力$[\sigma_c] = 60$ MPa。试求：（1）梁的许用均布荷载$[q]$；（2）若$q = 5$ kN/m，求梁内的最大切应力并指明其作用位置。（石家庄铁道大学 2019）

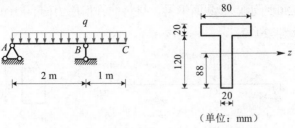

图 4.28

【第124题】跨长$l = 10$ m 的临时桥的主梁由两根 No.50b 工字钢相叠加铆接而成，梁跨中受集中荷载F作用，如图4.29所示。已知梁的许用正应力$[\sigma] = 165$ MPa，铆钉直径$d = 25$ mm，许用切应力$[\tau] = 95$ MPa，No.50b 工字钢 $b = 160$ mm，$h = 500$ mm，$A = 129$ cm^2，梁的横截面对中性轴z的惯性矩$I_z = 48\,560$ cm^4（单根）。试计算如下问题：（1）按照弯曲正应力强度条件求许用荷载$[F]$；（2）主梁在许用荷载$[F]$作用下，按照剪切强度设计沿梁轴向至少在几处布置铆钉？（华南理工大学 2020）

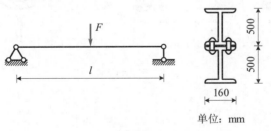

图 4.29

题型八: 确定梁的尺寸

【第 125 题】如图 4.30 所示矩形截面钢梁, 材料的许用应力 $[\sigma] = 160$ MPa。试确定截面的尺寸 b。(华东交通大学 2019)

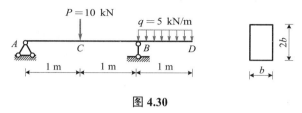

图 4.30

【第 126 题】空心管梁承受荷载如图 4.31 所示。已知 $[\sigma] = 150$ MPa, 管外径 $D = 60$ mm。作梁弯矩图并根据正应力条件求其内径 d 的最大值。(暨南大学 2021)

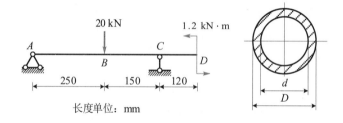

长度单位: mm

图 4.31

【第 127 题】图 4.32 所示由直径为 d 的圆形木料锯成的一矩形截面简支梁，$a = 1.5\text{ m}$，其上作用两个集中力 $F = 8\text{ kN}$，材料的许用应力$[\sigma] = 10\text{ MPa}$，试确定抗弯截面系数最大时矩形截面的高宽比 $\dfrac{h}{b}$，及梁所需圆形木料的最小直径 d。（扬州大学 2015）

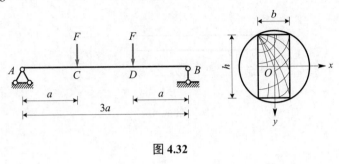

图 4.32

【第 128 题】如图 4.33 所示，外伸梁 ABC 上作用有均布荷载 q_0，所用材料拉伸许用应力 $[\sigma_{拉}] = 40\text{ MPa}$ 压缩许用应力$[\sigma_{压}] = 100\text{ MPa}$。已知 $l = 1\text{ m}$，$q_0 = 80\text{ kN/m}$，试确定截面尺寸 a。（中国科学院大学 2013）

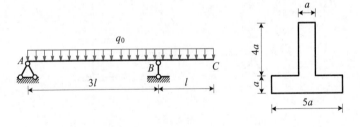

图 4.33

【第 129 题】如图 4.34 所示悬臂梁，横截面为矩形，宽为 b，高为 $2b$，材料的许用应力 $[\sigma] = 10$ MPa。（1）试确定截面尺寸 b；（2）若在截面 A 处钻一直径为 d 的圆孔，在保证强度安全的条件下，圆孔的直径 d 最大为多少？（不考虑应力集中）（重庆大学 2014）

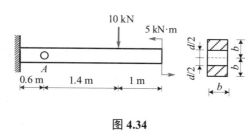

图 4.34

【第 130 题】外伸梁受均布荷载如图 4.35 所示。已知 $l = 12$ m，$W_z = 3.25 \times 10^5$ mm³，试求当跨中及支座处截面的最大正应力均为 140 MPa 时，悬臂段长度 a 及荷载集度 q 的值。（山东大学 2017）

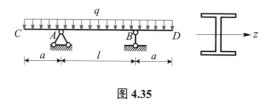

图 4.35

【第 131 题】两端外伸梁如图 4.36 所示，材料为钢材。若已知许用应力$[\sigma] = 160 \text{ MPa}$，试：（1）作该梁的剪力图和弯矩图；（2）若考虑横截面形状，采用①矩形（高宽比$\frac{h}{b} = 2$）、②圆形、③空心圆形（外内径比$\frac{D}{d} = 2$）时，分别设计其相应的截面尺寸，并比较其经济效益。（昆明理工大学 2017）

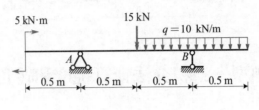

图 4.36

第五章　弯曲变形

题型一：积分法计算挠度和转角

【第 132 题】变截面简支梁及其荷载如图 5.1 所示，试用积分法求跨中挠度 w_C。（上海理工大学 2019）

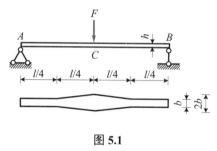

图 5.1

【第 133 题】图 5.2 所示 BC 为一等截面悬臂梁，EI 已知，梁下方有一刚性曲面，曲面方程为 $y = -Ax^3$（A 为常数），若梁变形后恰好与该曲面密合（但梁与刚性曲面无相互作用力），试问梁上需施加何种荷载？大小为多少？给出任意截面的弯矩方程和挠度的常微分方程及其边界条件，并验证所施加的荷载。（暨南大学 2016）

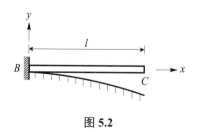

图 5.2

【第 134 题】简支梁承受三角形荷载如图 5.3 所示，最大荷载为 q_0，梁弹性模量为 E，截面惯性矩为 I，试用积分法求支座 A 处转角 θ_A 和梁的最大挠度 $w_{\max}$。（太原理工大学 2018）

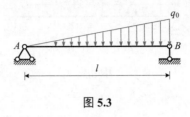

图 5.3

【第 135 题】如图 5.4 所示，变高度矩形截面简支梁横截面宽度为 b（设为常数），高度 h 为梁跨度的函数，直梁上表面受分布荷载 $q = q(x)$ 作用。若材料的弹性模量 E、许用正应力 $[\sigma]$ 和许用剪切应力 $[\tau]$ 皆为已知，且简支梁为等强度梁，试求：（1）梁的内力图；（2）截面高度 h 沿梁轴线的变化规律；（3）写出梁的转角方程与挠度方程；（4）若与相同材料、相同荷载作用和结构条件下的等截面梁相比，等强度梁的转角方程和挠曲线形式会改变吗？为什么？（中国科学院大学 2013）

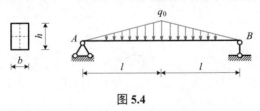

图 5.4

【第 136 题】某结构如图 5.5 所示，试求 A 处的转角和挠度，EI 为常数。（南昌大学 2018）

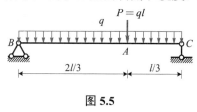

图 5.5

【第 137 题】图 5.6 所示矩形截面悬臂梁，长度为 l，宽度为 b，高度为 h，在自由端作用的集中力为 F，试求上表面纵向纤维 AB 的伸长量，已知梁的弹性模量为 E。（燕山大学 2022）

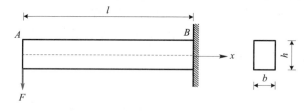

图 5.6

【第138题】画出图5.7所示外伸梁挠曲线（变形曲线）的大致形状。

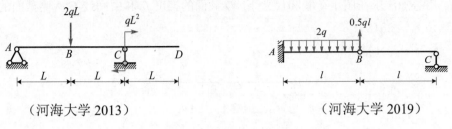

（河海大学2013）　　　　　　　　　　（河海大学2019）

图5.7

题型二：叠加法计算挠度和转角

【第139题】直角刚架 ABC 受力如图5.8所示，已知各杆的抗弯刚度均为 EI，不计轴向变形，试用叠加法求自由端 A 截面处的挠度 y_A。（重庆大学2017）

附表

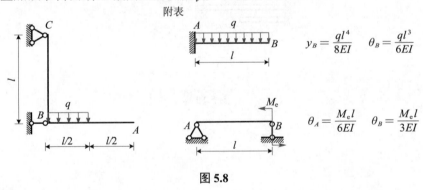

$$y_B = \frac{ql^4}{8EI} \qquad \theta_B = \frac{ql^3}{6EI}$$

$$\theta_A = \frac{M_e l}{6EI} \qquad \theta_B = \frac{M_e l}{3EI}$$

图5.8

【第 140 题】如图 5.9 所示，梁 *AC* 和 *CB* 在 *C* 截面由中间铰相连，已知两段梁的抗弯刚度均为 *EI*。用叠加法求在图示荷载和尺寸下，*D* 截面的挠度 f_D 和中间铰 *C* 两侧截面的相对转角 θ。（燕山大学 2018）

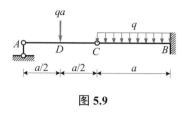

图 5.9

【第 141 题】图 5.10 所示的组合梁由 *A*、*B*、*C* 三根梁组成，其长度分别为 $3l$、$2l$、l，两梁之间的间距都为 a（$a \ll l$），且在 *A* 梁自由端作用一力 *F*，求使 *B*、*C* 接触时 *F* 的最小值。（中国科学院大学 2018）

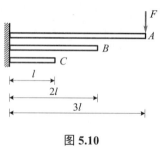

图 5.10

【第142题】试用叠加法求图 5.11 所示结构 A 点的挠度 w_A，梁的抗弯刚度 EI 为已知常数。（吉林大学 2018）

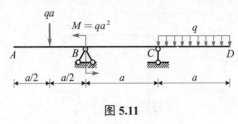

图 5.11

【第143题】如图 5.12 所示，具有中间铰 B 的等截面梁 AD 的 D 端用拉杆 DE 悬挂着，已知梁和拉杆材料的弹性模量 $E = 200\,\text{GPa}$，拉杆的横截面面积 $A = 100\,\text{mm}^2$，梁横截面的惯性矩 $I_z = 10 \times 10^6\,\text{mm}^4$，试求梁中截面 B 和截面 C 的挠度。（湖南大学 2011）

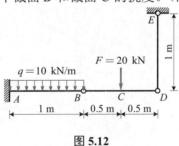

图 5.12

【第 144 题】直角刚架受力如图 5.13 所示，设抗弯刚度 EI 为常数，不考虑剪力和轴力的影响，试用叠加法求 C 截面的竖向位移。（重庆大学 2020）

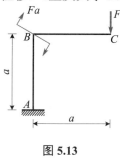

图 5.13

题型三：计算弯曲应变能

【第 145 题】图 5.14 所示简支梁受均布荷载。如果梁的抗弯刚度 EI 变为原来的一半，则梁的弯曲应变能为原来的（　）倍。（沈阳建筑大学 2011）

A．2　　　　　　　B．4　　　　　　　C．6　　　　　　　D．8

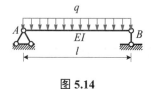

图 5.14

【第 146 题】同一根梁在图 5.15 所示三种荷载作用下产生的变形满足小变形假设（材料处于线弹性范围内），下列关系式中正确的是（   ）。（重庆大学 2012）

A．挠度 $y_{A3} \neq y_{A1} + y_{A2}$

B．转角 $\theta_3 \neq \theta_1 + \theta_2$

C．弯矩 $M_3(x) \neq M_1(x) + M_2(x)$

D．应变能 $V_{\varepsilon3} \neq V_{\varepsilon1} + V_{\varepsilon2}$

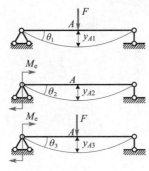

图 5.15

【第 147 题】图 5.16 所示简支梁，先施加集中力 F_1 再施加集中力 F_2，已知在 F_1 作用下，F_1 作用点的位移为 Δ_{11}，在 F_2 作用下，F_1 作用点的位移为 Δ_{12}，F_2 作用点的位移为 Δ_{22}，则该梁总的应变能为_____。（重庆大学 2014）

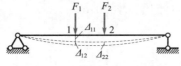

图 5.16

【第 148 题】已知梁长为 l，抗弯刚度为 EI，挠曲线方程 $y = \dfrac{q}{EI}\left(\dfrac{l^2}{4}x^2 - \dfrac{1}{24}x^4 - \dfrac{5}{24}l^4\right)$，

试求：（1）梁的弯矩图和剪力图；（2）写出边界条件；（3）画出梁的荷载图；（4）计算梁的应变能。（中国科学院大学 2011）

题型四：与曲率有关的计算

【第 149 题】长为 l 的简支梁受满跨均布荷载 q 作用，已知抗弯刚度为 EI，则跨中截面处中性层的曲率半径 ρ 为（　　）。（重庆大学 2016）

A. $\dfrac{8EI}{ql^2}$　　　　　B. $\dfrac{ql^2}{8EI}$　　　　　C. $\dfrac{4EI}{ql^2}$　　　　　D. $\dfrac{ql^2}{4EI}$

【第 150 题】图 5.17 所示梁由两根材料相同，宽度均为 b，高度分别为 h 及 $2h$ 的梁叠合而成，假设两根梁在叠合面可以自由错动，试求：（1）绘制叠合梁横截面上的正应力沿高度分布规律示意图；（2）设材料的弹性模量为 E，求叠合面沿轴线方向总的错动量。（重庆大学 2016）

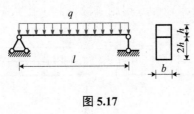

图 5.17

【第 151 题】叠合梁如图 5.18 所示，材料的弹性模量均为 E，已测得在外力偶矩 M_e 作用下，上、下梁在交界面 AB 处的纵向变形后的长度之差为 δ，若不计梁间的摩擦力，试求外力偶矩 M_e 的大小。（中南大学 2019）

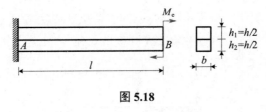

图 5.18

【第 152 题】一矩形截面为 $b \times h$ 的等直梁，两端承受外力偶矩 M_e，如图 5.19（a）所示。已知梁的中性层上无应力，若将梁沿中性层锯开成为两根截面为 $b \times \dfrac{h}{2}$ 的梁，将两梁仍叠合在一起，并承受相同外力偶矩 M_e，如图 5.19（b）所示。试问：为什么锯开前、后，两者的工作情况不同？锯开后，可采取什么措施以保证其工作状态不变？（暨南大学 2020）

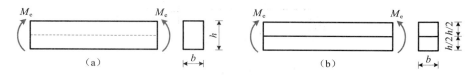

图 5.19

【第 153 题】如图 5.20 所示，抗弯刚度为 EI 的悬臂梁在固定端 A 点和半径为 R 的刚性圆筒表面相接触，试分析荷载 F 作用对端点 B 挠度的影响。（上海交通大学 2021）

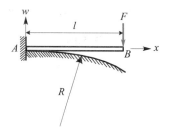

图 5.20

题型五：组合梁的计算

【第 154 题】木材和工字钢组合截面及其尺寸如图 5.21 所示，截面弯矩 $M = 100 \text{ kN·m}$，工字钢对其自身中性轴的惯性矩 $I_z = 0.23 \times 10^{-4} \text{ m}^4$，木材和工字钢的弹性模量分别为 $E_{木} = 20 \text{ GPa}$，$E_{钢} = 200 \text{ GPa}$，求中性轴的位置及钢材与木材内的最大应力。（大连理工大学 2018）

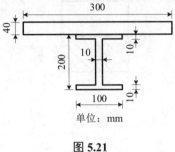

图 5.21

【第 155 题】如图 5.22 所示，木梁由两根方形截面的木料胶合面成，仅在 AB 段有胶合面，BC 段没有胶合面，BC 段的方形截面木料间为光滑接触。已知胶合面的许用切应力为 $[\tau] = 3.2 \text{ MPa}$，木材的许用正应力为 $[\sigma] = 10 \text{ MPa}$，试求外伸梁 AC 的许用荷载 q（设木料本身不会发生剪切破坏）。（同济大学 2012）

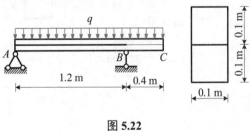

图 5.22

【**第 156 题**】如图 5.23 所示，组合截面梁由木、铝、钢三种材料组成，已知截面弯矩 $M = 20\,\text{kN·m}$，材料弹性模量 $E_\text{钢} = 3E_\text{铝} = 10E_\text{木}$，试求钢材中的最大正应力（图中尺寸单位：mm）。（大连理工大学 2020）

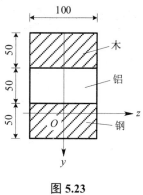

图 5.23

【**第 157 题**】图 5.24 所示矩形截面为两种材料组合梁，已知钢弹性模量 $E_\text{钢} = 210\,\text{GPa}$，铝的弹性模量 $E_\text{铝} = 70\,\text{GPa}$，求梁内最大拉应力和最大切应力。（大连理工大学 2021）

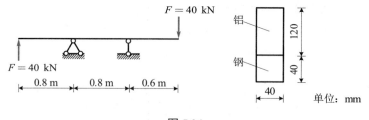

图 5.24

第六章　超静定问题及其解法

题型一：超静定次数判断

【第 158 题】图 6.1 所示梁带有中间铰链，其静不定次数等于_____。（昆明理工大学 2018）

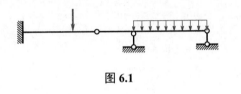

图 6.1

A. 0　　　　　　　B. 1　　　　　　　C. 2　　　　　　　D. 3

【第 159 题】超静定结构是指具有多余约束的几何不变体系，又称作静不定结构，图 6.2 所示平面超静定结构的超静定次数为（　　　）。（海南大学 2021）

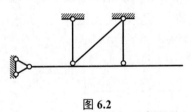

图 6.2

A. 1 次　　　　　　B. 2 次　　　　　　C. 3 次　　　　　　D. 4 次

【第 160 题】图 6.3 所示平面刚架承受荷载 F 作用，其超静定的次数为_____。（暨南大学 2021）

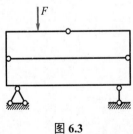

图 6.3

A. 4 次　　　　　　B. 3 次　　　　　　C. 2 次　　　　　　D. 1 次

题型二：荷载作用下拉压超静定计算（变形协调）

【第 161 题】图 6.4 所示等截面直杆 BCD，原长 $2l$，左右两端为固定约束，设横截面面积为 A，弹性模量为 E，受到均布荷载 q 作用。试求：（1）B、D 截面的约束力；（2）C 截面的位移。（河海大学 2019）

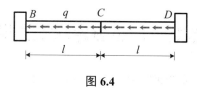

图 6.4

【第 162 题】如图 6.5 所示，铝合金杆和钢制套管构成一复合杆，它们的抗压刚度分别为 E_1A_1、E_2A_2，若轴向压力通过刚性平板作用在该杆上，试计算铝合金杆和钢管横截面上的正应力以及杆的轴向变形。（中南大学 2020）

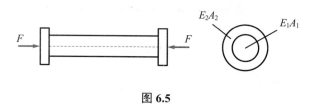

图 6.5

【第 163 题】图 6.6 所示刚性梁 AB 受均布荷载作用，梁在 A 端铰支，在 B 点和 C 点由两根钢杆 BD 和 CE 支承，已知 CE 的长度 $l = 1\,\mathrm{m}$，钢杆的横截面面积分别为 $A_1 = 400\,\mathrm{cm}^2$，$A_2 = 200\,\mathrm{cm}^2$，若弹性模量 $E = 200\,\mathrm{GPa}$，求 CE、DB 杆的变形量（不考虑压杆稳定性）。（南昌大学 2020）

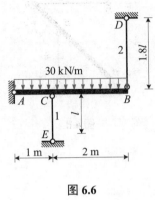

图 6.6

【第 164 题】如图 6.7 所示，刚性杆 AB 的 A 端铰支，两根材料、横截面面积均相同的钢杆 1 和钢杆 2 使该刚性杆处于水平位置，已知 $F = 80\,\mathrm{kN}$，钢杆 1 和钢杆 2 的直径 $d = 30\,\mathrm{mm}$，钢杆 1 长度 $l = 2\,\mathrm{m}$，材料的许用应力 $[\sigma] = 160\,\mathrm{MPa}$，弹性模量 $E = 200\,\mathrm{GPa}$。试校核钢杆 1 和钢杆 2 的强度并求 B 点的铅垂位移。（石家庄铁道大学 2012）

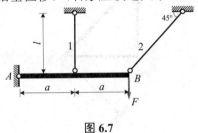

图 6.7

【第 165 题】 图 6.8 所示结构中，BC 为刚性杆，1、2 两杆的抗拉（压）刚度均为 EA，试求两杆的轴力。（大连理工大学 2020）

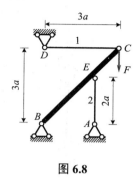

图 6.8

【第 166 题】 图 6.9 所示 BCD 为刚体，杆 1 和杆 2 的抗拉压刚度均为 EA，在 D 点受到拉力 F 作用，试求杆 1 和杆 2 的轴力。（湖南大学 2017）

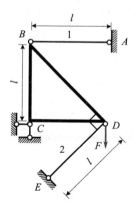

图 6.9

【第 167 题】如图 6.10 所示，刚性梁 *AD* 由两根杆悬挂，试画出小变形情况下，此超静定结构变形图，并写出变形协调方程。（大连理工大学 2019）

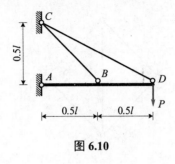

图 6.10

【第 168 题】图 6.11 所示结构，*BCD* 为刚性杆，图中长度 *l* 已知，柔索 *CAD* 通过 *A* 点的定滑轮，已知柔索的弹性模量 *E* 和横截面面积 *A*，*D* 点所受竖直方向外力为 *F*，不计柔索和滑轮间的摩擦，求 *D* 点的竖直方向位移。（扬州大学 2020）

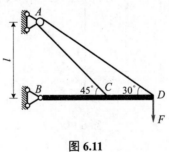

图 6.11

【第 169 题】杆系结构在 B 点受力 P 作用，几何尺寸如图 6.12 所示，已知五根杆的拉压刚度均为 EA，试求各杆的轴力。（中南大学 2022）

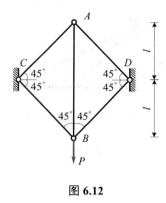

图 6.12

【第 170 题】图 6.13 所示桁架，在节点 C 上受到铅垂荷载 F 作用，杆 3 为刚性杆，杆 1 和杆 2 的长度与抗压刚度 EA 均相同，求各杆的内力。（南京工业大学 2017）

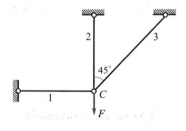

图 6.13

【第171题】图6.14所示平面桁架中，*AB*、*AC*、*AD*三杆长度均为*l*。*AC*杆与*AD*杆的拉压刚度相同，且两杆保持相互垂直。试证明，无论*AB*杆的拉伸刚度如何，也不论*AB*杆位置如何，只要荷载*F*的作用线与*AB*杆垂直，*AB*杆内就无内力。

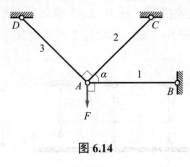

图6.14

【第172题】图6.15所示为一横截面为正方形的木短柱，在其四个角上用四根 40 mm×40 mm×4 mm 的等边角钢（单个角钢的横截面面积：308.6 mm²）加固，长度均与木柱相同。已知钢许用应力[σ]钢 = 160 MPa，弹性模量 E钢 = 200 GPa，木材的许用应力[σ]木 = 12 MPa，弹性模量 E =10 GPa。（1）试求许用荷载[*F*]；（2）为使钢和木都能充分发挥强度，试问木柱应比角钢长出多少？此时的轴向压力 *F* 又为多少？（重庆大学 2019）

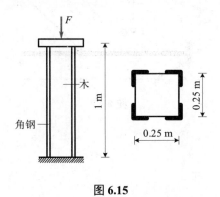

图6.15

题型三：装配误差作用下拉压超静定计算

【第 173 题】图 6.16 中 AB 为刚性梁，杆 1、2、3 横截面面积均为 $A = 200\ mm^2$，材料的弹性模量 $E = 210\ GPa$，设杆件长 $l = 1\ m$，其中杆 2 加工时短了 $\delta = 0.5\ mm$，装配后试求各杆横截面上的应力。

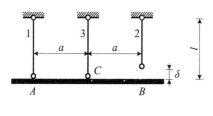

图 6.16

【第 174 题】图 6.17 所示结构中，杆 1 比原设计尺寸 a 短了 δ，现强行把杆 CD、杆 EG 与不计自重的刚性梁 AB 连接，然后在梁的 B 端施加力 F。已知 F、a、δ 及两杆的拉压刚度 EA。试求两杆的轴力。（说明：δ 相对于 a 是微小量）（中南大学 2016）

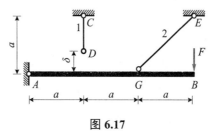

图 6.17

【第 175 题】如图 6.18 所示，斜杆 *CD* 的长度比要求短 $\Delta = 0.001\,l_{CD}$，已知 *BD* 和 *CD* 杆的面积 $A = 200\,\text{mm}^2$，材料的弹性模量 $E = 200\,\text{GPa}$。试求装配后 *BD* 杆和 *CD* 杆的轴力。

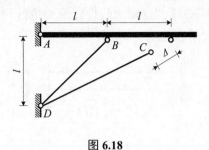

图 6.18

题型四：温度作用下拉压超静定计算

【第 176 题】两端固定的阶梯状杆如图 6.19 所示，已知 *AC* 段和 *DB* 段的横截面面积为 A，*CD* 段的横截面面积为 $2A$，杆的弹性模量 $E = 210\,\text{GPa}$，线膨胀系数 $\alpha = 12 \times 10^{-6}\,℃^{-1}$，求温度升高 30 ℃后，该杆各段的应力。（浙江工业大学 2011）

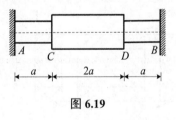

图 6.19

【**第 177 题**】如图 6.20 所示，一刚性壁上固定一直杆，长度为 l、横截面积为 A、弹性模量为 E、线膨胀系数 α，材料的屈服强度为 σ_y，这根直杆右端距离另一刚性壁距离为 Δ。试求：（1）现直杆温度均匀升高 ΔT，当 Δ 多大时杆内应力恰好为 σ_y；（2）此时求右端刚性壁对直杆的反力。（上海交通大学 2013）

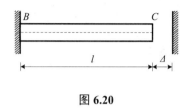

图 6.20

【**第 178 题**】图 6.21 所示构件由直径为 d 的钢杆套在一根外直径为 D、内直径为 d 的铜管中，并用两个直径为 d_0 的铆钉连接而成，钢的弹性模量、线膨胀系数分别为 E_s、α_s，铜的弹性模量、线膨胀系数分别为 E_c、α_c。已知 $\alpha_c > \alpha_s$，设工作中组件温度升高了 Δt，求铆钉内的切应力 τ。（华南理工大学 2012）

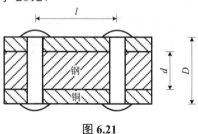

图 6.21

【第 179 题】刚性杆 AB 左端铰支。长度相等、横截面面积相同的钢杆 CD 和 EF 使该刚性杆处于水平位置，如图 6.22 所示。已知两杆长为 l，截面面积为 A，弹性模量为 E，线膨胀系数为 α_s。若使杆 CD、EF 的温度下降 Δt，试求两杆的轴力和应力。（大连理工大学 2012）

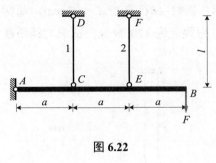

图 6.22

【第 180 题】图 6.23 所示三杆铰接成等腰三角形 ABC，点 A、C 为水平可动铰，已知杆的横截面面积为 1 000 mm²，线膨胀系数为 $\alpha = 12 \times 10^{-6}\ ℃^{-1}$，弹性模量为 $E = 200\ \mathrm{GPa}$。试求当杆温度升高 30 ℃时杆的轴力。（湖南大学 2015）

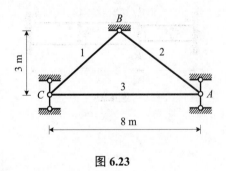

图 6.23

题型五：扭转超静定的计算

【第 181 题】如图 6.24 所示，钢杆 *ABC* 直径 $d = 10$ mm，剪切弹性模量 $G = 210$ GPa，其两端固定，受力偶 M 作用，力偶矩为 120 N·m，试求力偶所在 B 截面的扭转角。（上海理工大学 2016）

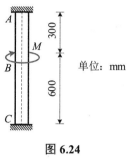

图 6.24

【第 182 题】如图 6.25 所示，两端固定的阶梯形圆轴承受扭转力偶 M_e 作用，轴的许用切应力为 $[\tau]$。为使轴的重量最轻，试确定轴的直径及 d_1 及 d_2。（中南大学 2019）

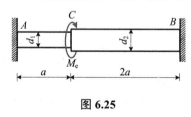

图 6.25

【第183题】图6.26所示等截面圆轴，直径 d=60 mm，材料的切变模量 G = 80 GPa，许用切应力$[\tau]$ = 50 MPa，单位长度许用扭转角$[\theta]$ = 0.35 °/m，试确定许用的外力偶矩。（重庆大学 2017）

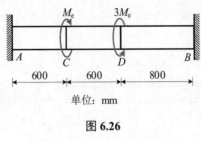

单位: mm

图 6.26

【第184题】如图6.27所示，一长轴两端固定，在 BC 段受到均布扭转力偶 m 的作用，现在 AB 段有一应变片，测得与轴线成45°方向应变 $\varepsilon_{45°}$=200×10^{-6}。已知 E = 200 GPa，μ = 0.3，抗扭截面系数 W_t，求结构的最大切应力。（南京航空航天大学 2021）

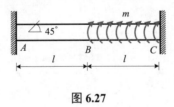

图 6.27

【**第 185 题**】如图 6.28 所示，将空心圆管 A 套在实心圆杆 B 的一端。两杆在同一横截面处有一直径相同的贯穿孔，但两孔的中心线构成 φ 角，现在杆 B 上施加扭转力偶使之扭转，将杆 A 和 B 的两孔对齐，装上销钉后卸去所施加的扭转力偶。试问卸载后两杆截面上的扭矩为多大？已知两杆的极惯性矩分别为 I_{pA} 和 I_{pB}，材料相同，切变模量为 G。（浙江工业大学 2020）

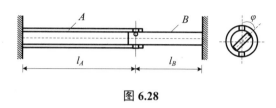

图 6.28

题型六：简单超静定梁的计算

【**第 186 题**】绘制图 6.29 所示梁的剪力图和弯矩图。（南昌大学 2018）

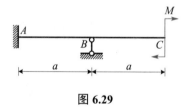

图 6.29

【第 187 题】图 6.30 所示为抗弯刚度为 EI 的简支梁，中间 B 处加一弹簧支承。试证明：若要使梁在 B 截面处弯矩为零，则弹簧刚度为 $k = \dfrac{192EI}{l^3}$。（南京工业大学 2017）

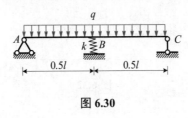

图 6.30

【第 188 题】如图 6.31（a）所示，该结构为线弹性超静定结构，当自由端 A 受到力 F_R 的作用时，A、B 两点的挠度分别为 δ_A、δ_B；如果将 A 端在原位置用铰支座固定，在 B 点加一向下的力 F_p 的作用，如图 6.31（b）所示，那么铰支座 A 的约束力是多少？（太原理工大学 2021）

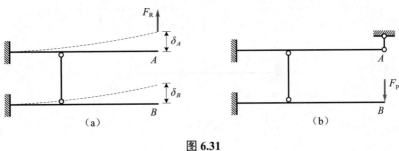

图 6.31

【第 189 题】已知图 6.32 所示两梁的 $\dfrac{l_1}{l_2} = \dfrac{2}{3}$，$\dfrac{EI_1}{EI_2} = \dfrac{5}{4}$，试求各梁的最大弯矩。（湖南大学 2018）

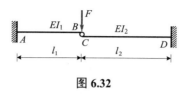

图 6.32

【第 190 题】图 6.33 所示超静定结构，杆 CD 的拉压刚度 EA 和梁 ABC 的弯曲刚度 EI 均为已知，且有 $I = Aa^2$。试求在荷载 F 的作用下，杆 CD 的轴力和梁 B 端的约束反力。（山东大学 2015）

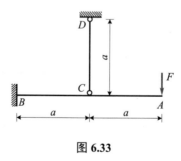

图 6.33

【第 191 题】如图 6.34 所示，梁 AB 与梁 CDE 抗弯刚度均为 EI，杆 BD 拉压刚度为 $EA = \dfrac{EI}{l^2}$。求：（1）BD 杆的内力；（2）B 点的位移 w_B。（河海大学 2018）

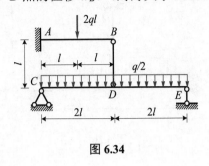

图 6.34

【第 192 题】工字形截面简支梁如图 6.35 所示。已知 $q = 24\,\text{kN/m}$，$a = 4\,\text{m}$，$E = 200\,\text{GPa}$，$I = 267 \times 10^6\,\text{mm}^4$，$h = 400\,\text{mm}$。未加荷载时，梁与下面移动支座间的间距 $\delta = 15\,\text{mm}$。试求：（1）加荷载后各支座的约束力；（2）求梁中的最大弯曲正应力。（中南大学 2017）

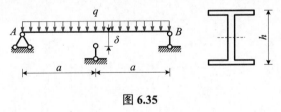

图 6.35

【第 193 题】图 6.36 所示水平简支梁 *AB* 与竖杆 *CD* 铰接在一起，二者材料相同，梁的弯曲刚度为 *EI*，杆的拉压刚度为 *EA*。已知 $Al^3 = 12\,Ia$，求杆 *CD* 的拉力 F_N。（湖南大学 2015）

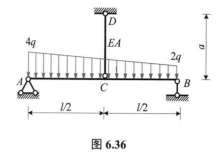

图 6.36

第七章　应力状态与强度理论

题型一：应力状态和单元体的理解

【第 194 题】关于用微元表示一点处的应力状态，以下论述正确全面的是（　　）。（太原理工大学 2016）

A．微元形状可以是任意的

B．微元形状不是任意的，只能是六面体微元

C．不一定是六面体微元，五面体微元也可以，其他形状则不行

D．微元形状可以是任意的，但其上已知的应力分量足以确定任意方向面上的应力

【第 195 题】单元体的主应力面应满足（　　）。（南京工业大学 2019）

A．正应力最大　　　　　　　　B．正应力为零

C．切应力最小　　　　　　　　D．切应力为零

【第 196 题】单元体的应力状态如图 7.1 所示。已知上、下两面上的切应力为 τ，则左、右两侧面上的切应力为（　　）。（石家庄铁道大学 2019）

A. 0　　　　　　　　B. τ　　　　　　　　C. 2τ　　　　　　　　D. 0.5τ

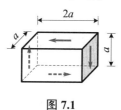

图 7.1

【第 197 题】下列论述中，正确的是（　　）。（重庆大学 2016）

（1）单元体中正应力为最大值的截面上，切应力必定为零；

（2）单元体中切应力为最大值的截面上，正应力必定为零；

（3）第一强度理论认为最大拉应力是引起断裂的主要因素；

（4）第三强度理论认为最大切应力是引起屈服的主要因素。

A.（1）（3）（4）　　　　　　　　　　B.（2）（3）（4）

C.（1）（4）　　　　　　　　　　　　D.（3）（4）

【第198题】微元受力情况如图7.2所示，图中应力单位为MPa，大小为50。试根据不为零主应力的数目，判断下面说法正确的是（ ）。（太原理工大学 2018）

A．二向应力状态 B．单向应力状态 C．三向应力状态 D．纯切应力状态

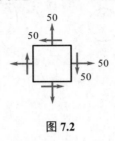

图 7.2

题型二：外荷载作用下某点的应力状态表示

【第199题】悬臂梁上1、2、3、4点的应力状态如图7.3所示，其中图（ ）所示的应力状态是错误的。（石家庄铁道大学 2020）

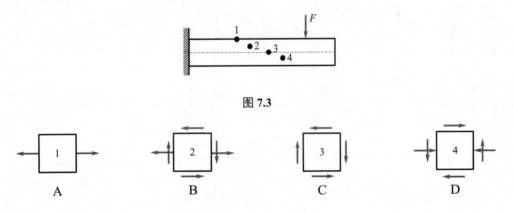

图 7.3

【第 200 题】试从图 7.4 所示各构件中的 A 点和 B 点处取出单元体，并标明该单元体各面上的应力。

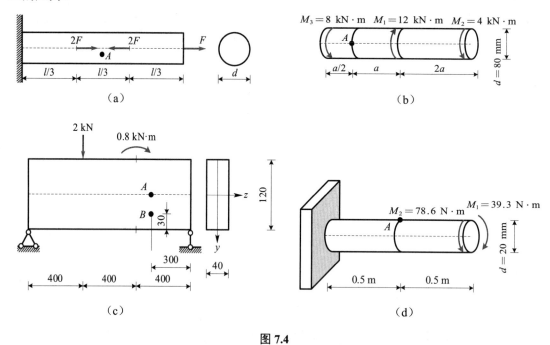

图 7.4

【第 201 题】已知矩形截面梁某截面上的弯矩和剪力分别为 $M = 10 \text{ kN·m}$，$F_s = 120 \text{ kN}$，试绘出图 7.5 所示截面上 1、2、3、4 各点单元体的应力状态，并求其主应力。（上海交通大学 2018）

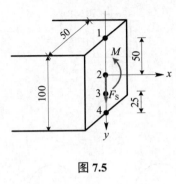

图 7.5

题型三：平面应力状态及其应力圆

【第 202 题】塑性材料处于下列应力状态中，哪种最易发生剪切破坏（　　）。（太原理工大学 2017）

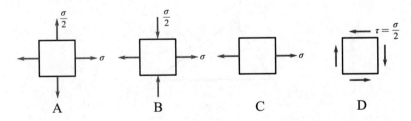

【第 203 题】一单元体的应力状态如图 7.6 所示，其对应的应力圆为（　　）。（石家庄铁道大学 2018）

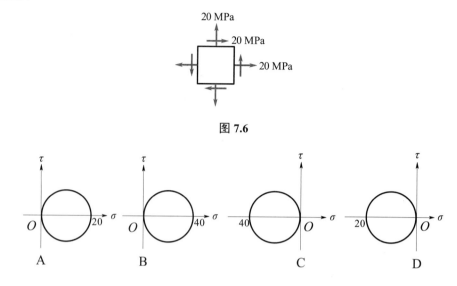

图 7.6

【第 204 题】如图 7.7 所示，已知单元体 AB、BC 面上只作用切应力 τ，现关于 AC 面上的应力有四种答案，正确的是（　　）。（太原理工大学 2020）

A. $\tau_{AC} = \dfrac{\tau}{2}$，$\sigma_{AC} = 0$

B. $\tau_{AC} = \dfrac{\tau}{2}$，$\sigma_{AC} = \dfrac{\sqrt{3}\,\tau}{2}$

C. $\tau_{AC} = \dfrac{\tau}{2}$，$\sigma_{AC} = -\dfrac{\sqrt{3}\,\tau}{2}$

D. $\tau_{AC} = -\dfrac{\tau}{2}$，$\sigma_{AC} = \dfrac{\sqrt{3}\,\tau}{2}$

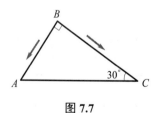

图 7.7

【第205题】试证明平面应力状态（图7.8）有关系式$\sigma_\alpha + \sigma_{\alpha+90°} = \sigma_x + \sigma_y$，$\tau_\alpha = -\tau_{\alpha+90°}$。（暨南大学2018）

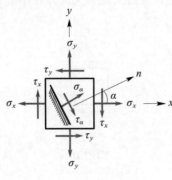

图7.8

【第206题】两个单元体各面上的应力分量如图7.9所示，这两个单元体是否均处于单向应力状态？请回答并简述理由。（暨南大学2020）

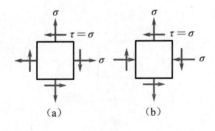

图7.9

【**第 207 题**】某点的应力状态单元体如图 7.10 所示（应力单位为 MPa）。试求：（1）画出应力圆；（2）用解析法求出主应力及最大切应力，并在单元体上标出主应力的大小和方向。（宁波大学 2021）

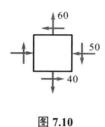

图 7.10

【**第 208 题**】层合板构件中微元体应力情况如图 7.11 所示，各层板之间用胶粘接，粘接缝为图示 30° 方向，若已知粘接缝剪应力不得超过 1 MPa，试分析其是否满足这一要求。（哈尔滨工程大学 2020）

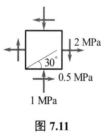

图 7.11

【**第 209 题**】如图 7.12 所示单元体，弹性模量 $E = 200\,\text{GPa}$，泊松比 $\nu = 0.3$，试求：（1）三个主应力；（2）最大切应力；（3）图示方向的线应变。（三峡大学 2018）

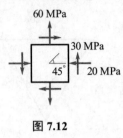

图 7.12

【**第 210 题**】某微元如图 7.13 所示，AC 为不受力的自由面。试求：（1）σ_x 和 τ_{xy} 的大小；（2）写出其三个主应力。（南京工业大学 2017）

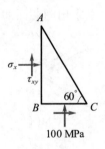

图 7.13

【第 211 题】某点的应力状态如图 7.14 所示，图中应力单位为 MPa，求该点的主应力。（中国矿业大学 2016）

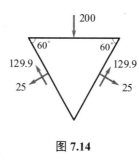

图 7.14

【第 212 题】已知平面应力状态下某点处的两个截面的应力如图 7.15 所示，试利用应力圆求该点处的主应力值和主平面方位，并求出两截面间的夹角 α 值。（太原理工大学 2019）

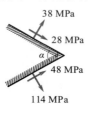

图 7.15

【第 213 题】某点为二向应力状态，如图 7.16 所示，应力单位为 MPa，试求该点主应力、最大切应力及主平面方位。（南京航空航天大学 2016）

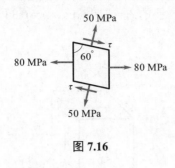

图 7.16

题型四：空间应力状态及其应力圆

【第 214 题】微元体空间应力状态如图 7.17 所示，已知 $\sigma = 80$ MPa，$\tau = 50$ MPa，求三个主应力及不同斜截面上的最大切应力。（海南大学 2021）

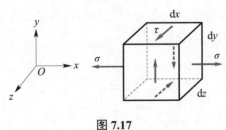

图 7.17

【第 215 题】已知一点的单元体应力状态如图 7.18 所示，应力单位为 MPa，试求该点：（1）在图示坐标系写出各面的应力 σ_x、σ_y、σ_z、τ_{xy}、τ_{yz}、τ_{zx}；（2）三个主应力及其方向；（3）最大切应力；（4）若已知材料的 $E = 210\,\text{GPa}$，$\mu = 0.33$，试求该点的第一主应变。（昆明理工大学 2021）

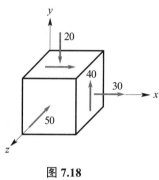

图 7.18

题型五：广义胡克定律的应用（求应变）

【第 216 题】如图 7.19 所示平面应力状态，已知材料的弹性模量 E 和泊松比 ν，则其最大主应力 $\sigma_1 =$ _____，最大伸长线应变 $\varepsilon_1 =$ _____。（石家庄铁道大学 2020）

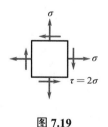

图 7.19

【第 217 题】平面应力状态如图 7.20 所示，E 与 μ 分别为材料的弹性模量和泊松比，$\alpha = 45°$，求沿 α 方向上的正应力 σ_α 与线应变 ε_α。（湖南大学 2019）

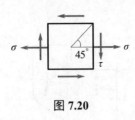

图 7.20

【第 218 题】在一块厚钢块上挖了一条贯穿的槽，槽的宽度和深度都是 1 cm。在此槽内紧密无隙地嵌入了一铝质立方块，其尺寸是 1 cm×1 cm×1 cm，并受 $P = 6$ kN 压力，如图 7.21 所示，试求铝立方块的三个主应力和相应应变。假定厚钢块是不变形的，铝的 $E = 71$ GPa，$v = 0.33$。（上海交通大学 2019）

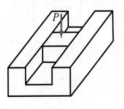

图 7.21

【**第 219 题**】平面应力状态单元体如图 7.22 所示，σ_x 与材料的 E、ν 均已知，若 $\varepsilon_y = \dfrac{\varepsilon_z}{2}$，

试求 σ_y、ε_x 和 ε_y。（山东大学 2016）

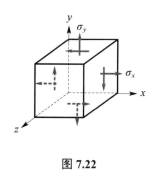

图 7.22

【**第 220 题**】图 7.23 所示的板件 $ABCD$，其变形如虚线所示，求棱边 AB、AD 的平均正应变和直角 BAD 的切应变。（上海理工大学 2019）

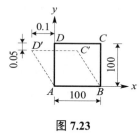

图 7.23

【第 221 题】 如图 7.24 所示，圆形截面杆 AB 同时承受外力偶 M 和 T 作用，已知圆杆直径 d，弹性模量 E，泊松比 $\nu = 0.3$，$T = 2M$。试求：（1）C 点主应力 σ_1、σ_2、σ_3；（2）C 点最大切应力；（3）C 点主应变 ε_1、ε_2、ε_3；（4）C 点第三强度理论相当应力 σ_{r3}。（浙江大学 2016）

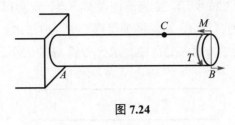

图 7.24

【第 222 题】 如图 7.25 所示，CD 为圆钢管，内径 $d = 200$ mm，外径 $D = 250$ mm，A、B 两点均在圆钢管固定端外表面上，已知弹性模量 $E = 200$ GPa，泊松比 $\nu = 0.3$。试：（1）求 A、B 两点正应力与切应力；（2）画出 A、B 两点的应力状态，并求出 ε_x、ε_y 和 ε_z；（3）求 γ_{xy}、γ_{xz} 和 γ_{yz}。（大连理工大学 2017）

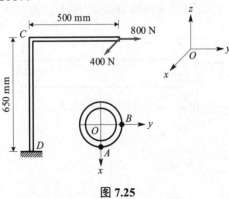

图 7.25

题型六: 已知应变求荷载

【第 223 题】圆杆受力如图 7.26 所示, K 为圆杆表面一点, 现测得 K 处与轴线成 45° 方向的线应变为 $\varepsilon_{45°}$, 已知圆杆的直径 d, 材料的弹性模量 E, 泊松比 v。试: (1) 画出 K 点应力状态单元体; (2) 求 K 点三个主应力; (3) 求外力偶 M 的大小。(北京交通大学 2020)

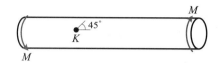

图 7.26

【第 224 题】圆截面杆受力情况如图 7.27 所示, 已知横截面的直径 d, 材料的弹性模量 E, 泊松比 v, 在 B 截面顶点 K 处的水平面内与轴线成 45° 方向测得线应变为 ε ($\varepsilon < 0$), 试求: (1) 力 F 的表达式; (2) K 点的主应力及最大切应力。(重庆大学 2017)

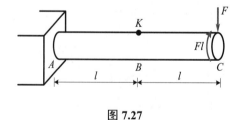

图 7.27

【第 225 题】图 7.28 所示梁的中性层 A 点处，用互成 45° 的两个应变片测得该点线应变 ε' 和 ε''，已知材料弹性模量 E 和泊松比 v 及梁尺寸 b、h、l，试求荷载 F。（大连理工大学 2020）

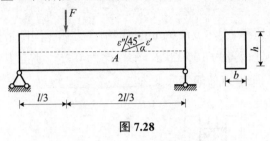

图 7.28

【第 226 题】圆杆直径为 20 mm，受力情况如图 7.29 所示，已知圆杆材料的弹性模量和泊松比分别为 $E = 200$ GPa，$v = 0.25$，A、B 两点应变片测得的应变值分别是 $\varepsilon_{0°} = 6 \times 10^{-4}$，$\varepsilon_{45°} = -4 \times 10^{-4}$，试计算外荷载 M_x 和 M_y 的值。（同济大学 2017）

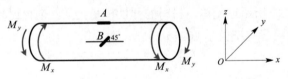

图 7.29

题型七：体应变

【第 227 题】如图 7.30 所示，边长为 10 mm 的钢制立方体无间隙地放入四周均为刚性的立方体中，已知材料的弹性模量为 100 GPa，泊松比为 0.25，当立方体上表面受到均布压力 $F = 30$ kN 的作用时，钢制立方体的体应变为_____。（中国矿业大学 2017）

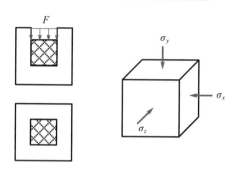

图 7.30

【第 228 题】如图 7.31 所示单元体，材料的弹性模量为 E，泊松比为 v，该单元体的体积应变 $\theta =$ _____。（重庆大学 2021）

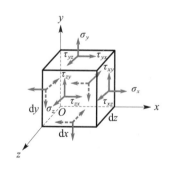

图 7.31

【第 229 题】如图 7.32 所示，两端封闭的薄壁容器内直径 $D = 200$ mm，壁厚 $\delta = 5$ mm，承受内压 $p = 10$ MPa。弹性模量 $E = 80$ GPa，泊松比 $v = 0.25$。求 A 点处一个 1 mm×1 mm 的正方形的面积变化量。（四川大学 2019）

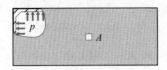

图 7.32

题型八：薄壁圆筒

【第 230 题】如图 7.33 所示，宽为 b，内直径 $d = 200$ mm，壁厚 $\delta = 5$ mm 的薄壁圆环，承受 $p = 2$ MPa 的内压力作用。试求圆环径向截面上的拉应力。

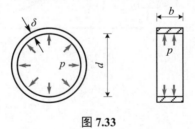

图 7.33

【第 231 题】图 7.34 所示两端封闭的薄壁圆筒，受内压和扭转力偶的作用，其表面上 A 点的应力状态为（　　）。（上海理工大学 2017）

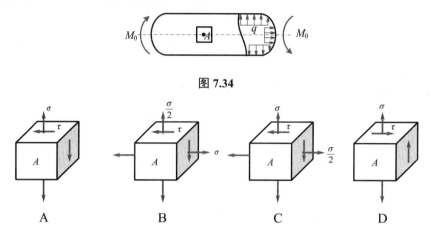

图 7.34

【第 232 题】图 7.35 所示锅炉直径 $D = 1$ m，壁厚 $\delta = 10$ mm，承受蒸汽压力 $p = 3$ MPa。试求：（1）锅炉内壁任一点的主应力 σ_1、σ_2、σ_3 及最大切应力 τ_{max}；（2）斜截面 ab 上的正应力及切应力。（北京交通大学 2012）

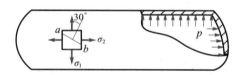

图 7.35

【第 233 题】图 7.36 所示薄壁圆筒，内部承受压力 p，已知直径 $D = 400$ mm，壁厚 $\delta = 10$ mm，$\varepsilon_x = 460 \times 10^{-6}$，$E = 200$ GPa，$v = 0.2$，求：压力 p 及最大切应力。（河海大学 2019）

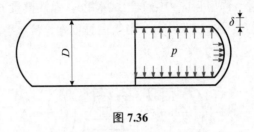

图 7.36

【第 234 题】如图 7.37 所示，圆柱形薄壁容器平均直径为 400 mm，厚度为 4 mm，材料为钢材，泊松比 $v = 0.3$，$E = 210$ GPa，若在与 x 轴成 45° 方向测得应变 $\varepsilon_{45^\circ} = 350 \times 10^{-6}$，试求：（1）最大表面应变 ε_{max}；（2）容器壁中的最大正应力 σ_{max}；（3）容器的内压力。（南昌大学 2020）

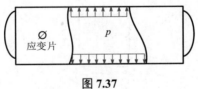

图 7.37

【第 235 题】如图 7.38 所示，长度 $l = 3$ m，内直径 $d = 1$ m，壁厚 $t = 10$ mm 的圆柱形薄壁压力容器，承受内压 $p = 1.5$ MPa，扭转外力偶 $M_e = 100$ kN·m 和轴向拉力 $F = 100$ kN 的共同作用，容器材料为钢材，许用正应力 $[\sigma] = 160$ MPa，弹性模量 $E = 210$ GPa，泊松比 $\nu = 0.3$，不计容器两端的局部效应。试求：（1）用第三强度理论校核容器强度；（2）容器长度、内直径的改变量。（石家庄铁道大学 2017）

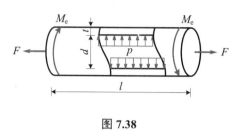

图 7.38

题型九：强度理论

【第 236 题】某点的应力状态如图 7.39 所示，已知材料的许用应力 $[\sigma] = 40$ MPa，试用第一强度理论校核该点的强度。（东北林业大学 2022）

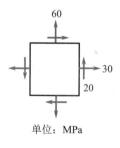

单位：MPa

图 7.39

【第 237 题】某低碳钢梁内危险点单元体应力状态如图 7.40 所示，已知材料许用应力$[\sigma]=$ 100 MPa，试求：（1）单元体主应力数值；（2）绘制应力圆，确定最大切应力；（3）按第四强度理论校核其强度。（吉林大学 2018）

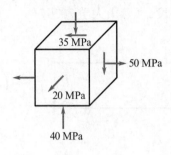

图 7.40

【第 238 题】位于 xOz 平面内的圆截面折杆 ABC 如图 7.41 所示，A 端固定，$\angle ABC = 90°$，沿 y 轴负方向作用有均布荷载 q 和铅垂荷载 F_1，沿 x 轴正方向作用水平荷载 F_2，折杆直径 $d = 100$ mm，$l_1 = 1$ m，$l_2 = 0.5$ m，折杆材料的许用应力$[\sigma] = 160$ MPa，试按第四强度理论校核杆的强度。（石家庄铁道大学 2019）

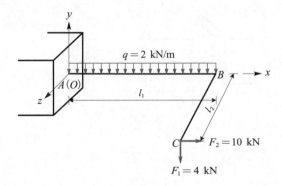

图 7.41

【第 239 题】 如图 7.42 所示，圆截面等直杆受横向力 P 和绕轴线的外力偶 M_0 的作用，由实验测得杆表面 A 处沿轴线方向线应变 $\varepsilon_{0°} = 400 \times 10^{-6}$，杆表面 B 处沿与母线成 45° 方向线应变 $\varepsilon_{-45°} = 375 \times 10^{-6}$，杆弹性模量 $E = 200$ GPa，泊松比 $v = 0.25$，许用应力 $[\sigma] = 150$ MPa，试按第三强度理论校核该杆的强度。（燕山大学 2020）

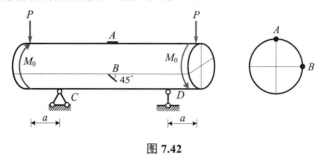

图 7.42

【第 240 题】 图 7.43 所示圆截面杆直径 $d = 50$ mm，$l = 0.9$ m，自由端承受力 $P_1 = 0.5$ kN，$P_2 = 15$ kN，$M_e = 1.2$ kN·m，$[\sigma] = 120$ MPa，试用第三强度理论核核杆的强度。（哈尔滨工程大学 2020）

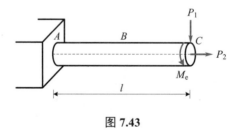

图 7.43

【**第 241 题**】如图 7.44 所示，已知 $AB = BC = l$，D 点为 AB 中间截面的上顶点，C 端受到竖直向下的集中力 F 作用，AB、BC 梁的直径 d 和弹性模量 E 已知。试求：（1）D 点所在截面的内力；（2）D 点的主应力及按照第三强度理论得到的相当应力；（3）D 点切平面内与 AB 轴线成 $\pm45°$ 方向的线应变（已知泊松比为 v）。（浙江大学 2020）

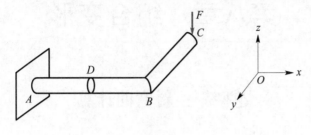

图 7.44

【**第 242 题**】圆杆直径 $d = 40\ \text{mm}$，受力（大小未知）情况如图 7.45 所示，已知杆件材料弹性模量和泊松比分别为 $E = 200\ \text{GPa}$，$v = 0.23$，圆杆表面 K 点处应变片测得的应变值分别为 $\varepsilon_{45°} = -1.46 \times 10^{-4}$ 和 $\varepsilon_{135°} = 4.46 \times 10^{-4}$，试：（1）画出 K 点的应力单元体；（2）计算荷载 F 和 M_e 的大小；（3）若材料的许用应力 $[\sigma] = 180\ \text{MPa}$，根据第四强度理论校核该杆件的强度。（同济大学 2019）

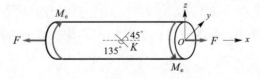

图 7.45

第八章　组合变形

题型一：斜弯曲计算

【第 243 题】矩形截面悬臂杆受力情况如图 8.1 所示，已知 $F_1 = 10$ kN，$F_2 = 100$ kN，$l = 0.5$ m，$b = 100$ mm，$h = 150$ mm，材料的弹性模量 $E = 100$ GPa，试求：（1）杆内的最大拉应力和最大压应力；（2）A 点沿杆长方向的线应变。（石家庄铁道大学 2020）

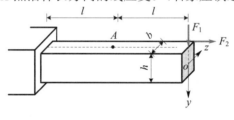

图 8.1

【第 244 题】悬臂梁受力如图 8.2 所示，梁中点受一竖向力 P 的作用，B 端受 xOz 平面内与铅垂方向成 $30°$ 的 P 作用，梁的许用正应力为$[\sigma]$，试校核梁的强度。（中南大学 2020）

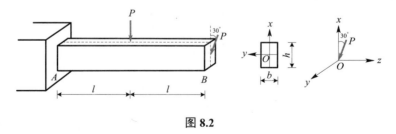

图 8.2

【第 245 题】 正方形截面杆一端固定，另一端自由，中间部分有切槽，如图 8.3 所示，杆自由端受平行于轴线的纵向力 F_p 作用，已知 $F_p = 1$ kN，杆各部分尺寸见图，试求杆内横截面上的最大正应力。（东北林业大学 2021）

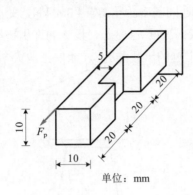

单位：mm

图 8.3

【第 246 题】 图 8.4 所示矩形截面悬臂梁，自由端受集中力 F 和水平面内的集中力偶 M_z 作用，已知弹性模量为 E，试求棱边 AB 的总伸长。

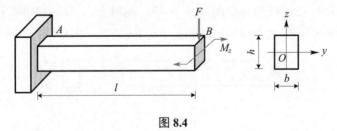

图 8.4

题型二：拉（压）弯组合计算

【第 247 题】 图 8.5 所示水塔连同基础总重 $W = 4\,000$ kN，受水平风力的合力 $F = 60$ kN，F 距地面高度 $H = 15$ m，基础入土深度 $h = 3$ m。设土的许用挤压应力$[\sigma] = 300$ kPa，基础的直径 $d = 5$ m，试校核基础下土壤的承载能力。（西安工业大学 2019）

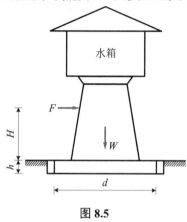

图 8.5

【第 248 题】 某矩形截面杆受力如图 8.6 所示，测得上、下表面轴向线应变分别为$\varepsilon_A = 100 \times 10^{-6}$，$\varepsilon_B = 300 \times 10^{-6}$，已如 $a = 400$ mm，$E = 200$ GPa，求 M、F。（南京工业大学 2019）

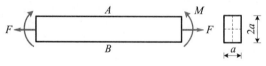

图 8.6

【第 249 题】如图 8.7 所示，比萨斜塔的高度 $H = 55$ m，如果把塔体简化为外径 $D = 20$ m，内径 $d = 14$ m 的均质圆筒，要使塔体横截面上不产生拉应力，塔体容许的最大倾斜角为多少？目前塔体已倾斜了 5.5°，塔体横截面上是否已产生了拉应力？（四川大学 2012）

图 8.7

【第 250 题】如图 8.8 所示，一高 $h = 2$ m 的混凝土坝，一侧整个面积上作用着静水压力，混凝土的重度 γ 为 22 kN/m³，水的重度为 10 kN/m³，求坝底不出现拉应力时的 b 值（按坝长 1.0 m 计算）。（浙江工业大学 2013）

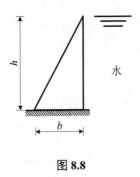

图 8.8

【**第 251 题**】如图 8.9 所示，T 形截面杆受偏心荷载 F 作用。其中 F 与杆轴线平行，大小为 4 kN，（1）悬臂梁固定端附近横截面上的最大拉应力是否为 $\frac{F}{A} = 3.3$ MPa？并说明理由。

（2）证明该悬臂梁固定端附近横截面上的最大压应力约为 $\sigma_c = -11.2$ MPa（海南大学 2020）

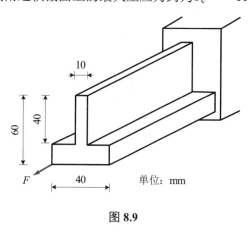

图 8.9

题型三：偏心压缩（拉伸）计算

【**第 252 题**】图 8.10 所示为矩形短柱的力学模型，受偏心力 $F = 100$ kN 作用，作用点 D 在 y 轴上，偏心距 $e = 40$ mm，矩形截面的 $b = 120$ mm，$h = 200$ mm，试求短柱所受的最大压应力。（西安工业大学 2018）

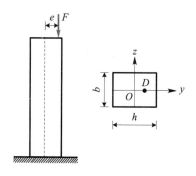

图 8.10

【第 253 题】如图 8.11 所示的矩形截面柱，顶部有屋顶传来的压力 $P_1 = 100$ kN，牛腿上承受吊车压力 $P_2 = 30$ kN，P_2 与柱轴偏心矩 $e = 0.2$ m，现已知柱截面宽 $b = 180$ mm，试问截面高 h 为多大时，才不会使截面产生拉应力，在所选尺寸下，最大压应力为多少？（哈尔滨工程大学 2017）

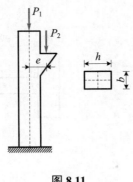

图 8.11

【第 254 题】矩形截面短柱如图 8.12 所示，单位为 mm，已知 $F_1 = 60$ kN（水平向右），$F_2 = 125$ kN（竖直向上）。若材料拉压同性，$[\sigma] = 120$ MPa，试按正应力的强度条件确定最大偏心距 e。（吉林大学 2017）

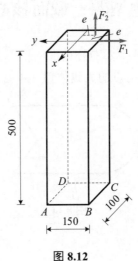

图 8.12

【第 255 题】厂房的边柱，受屋顶传来的荷载 $P_1 = 120$ kN 及吊车传来的荷载 $P_2 = 100$ kN 作用，柱的自重 $G = 77$ kN，底截面如图 8.13 所示，求：（1）竖向荷载作用下柱底截面的正应力分布图及其最大正应力；（2）欲使底面不出现拉应力，则 P_3 最大值为多少。

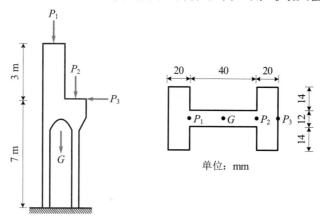

图 8.13

题型四：截面核心

【第 256 题】试定性地画出图 8.14 所示对称截面的形心主轴和截面核心的大致形状，并指出中性轴 1、2 所对应的偏心力作用点的大致位置（不必计算）。（大连理工大学 2012）

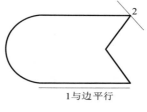

图 8.14

【第 257 题】画出图 8.15 所示截面核心的位置。

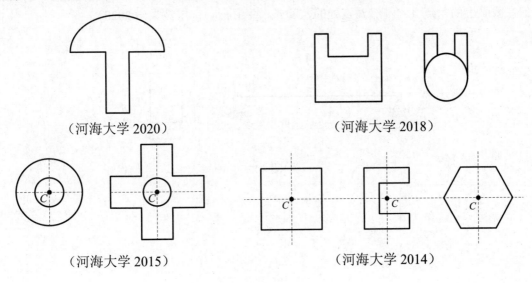

（河海大学 2020）　　　　　　　　　　（河海大学 2018）

（河海大学 2015）　　　　　　　（河海大学 2014）

图 8.15

题型五：扭转与弯曲组合计算

【第 258 题】如图 8.16 所示，圆轴直径 $d = 20$ mm，受弯曲外力偶矩 M_z 与扭转外力偶矩 M_x 作用。若测得轴表面上 A 点轴向线应变 $\varepsilon_{0°} = 6 \times 10^{-4}$，$B$ 点沿与轴线成 45° 方向的线应变 $\varepsilon_{45°} = 4 \times 10^{-4}$。材料的 $E = 200$ GPa，$\mu = 0.25$，试求 M_z 与 M_x。（山东大学 2019）

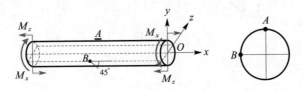

图 8.16

【第 259 题】如图 8.17 所示，一矩形截面简支梁 $h = 200 \text{ mm}$，$b = 100 \text{ mm}$，试求在集中力偏左截面上的角点 A、内部 B 点处的 τ_A 和 τ_B，并求 $\tau_{\max}$。（宁波大学 2020）

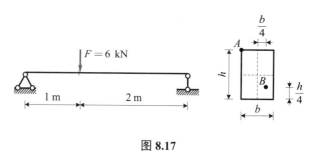

图 8.17

【第 260 题】如图 8.18 所示，实心圆轴一端固定，另一端同时作用竖直向下的集中力 F 和扭转力偶 M_e，圆轴直径 $d=80 \text{ mm}$，上边缘 A 点处测得纵向线应变 $\varepsilon_{0°} = 400 \times 10^{-6}$，在水平直径平面的外侧 B 点处，测得与轴线成 $-45°$ 方向的线应变 $\varepsilon_{-45°} = 300 \times 10^{-6}$。已知材料的弹性模量 $E = 200 \text{ GPa}$，泊松比 $\nu = 0.25$，$a = 2 \text{ m}$。若不计弯曲切应力的影响，试确定 F 和 M_e 的大小。（浙江大学 2017）

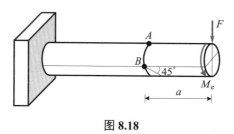

图 8.18

【第 261 题】某直角弯折圆杆直径 $d = 150$ mm，如图 8.19 所示，杆的自由端 C 在 yz 平面内受与铅垂方向成 $30°$ 的集中力 $P = 6$ kN。已知杆材料的许用应力$[\sigma] = 200$ MPa，不考虑轴力和剪力的影响，（1）指出杆的危险截面和危险点；（2）画出危险点的应力状态；（3）根据第一强度理论校核杆的强度。

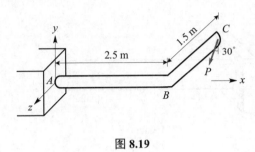

图 8.19

【第 262 题】某杆件受力如图 8.20 所示，已知扭转力偶 M，集中力 P，分布荷载 q，杆长 l，直径 d，材料的许用应力为$[\sigma]$，不考虑剪力的影响，（1）指出危险截面的位置；（2）画出危险点的应力状态；（3）试根据第三强度理论确定$[q]$。（中国科学院大学 2016）

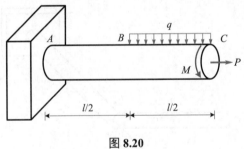

图 8.20

【**第 263 题**】直径 $d = 50$ mm 的圆截面杆受力情况如图 8.21 所示，AB 长度 $l = 150$ mm，$P = 20$ kN，$F = 10$ kN（平行于 z 轴）。材料许用正应力 $[\sigma] = 140$ MPa，弹性模量 $E = 200$ GPa，泊松比 $\nu = 0.3$。D 点在 xz 平面内距自由端 50 mm 的横截面正前方，试求：（1）D 点主应力和最大切应力；（2）D 点图示 45° 方向的线应变；（3）按第三强度理论校核圆杆的强度。（中南大学 2022）

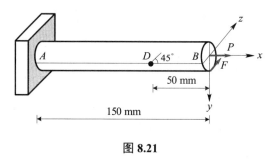

图 8.21

【**第 264 题**】某杆件受力情况如图 8.22 所示，若不考虑剪力的影响，计算说明哪个截面为危险截面，并用第三强度理论计算 σ_{r3}。（四川大学 2020）

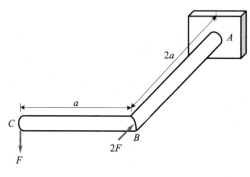

图 8.22

第九章 压杆稳定

题型一：临界荷载计算

【第 265 题】中心受压直杆如图 9.1 所示，直杆两端固定，但上端可以在竖直和水平方向滑动，已知弯曲刚度 EI 为常数，试推导直杆的临界力。（重庆大学 2017）

图 9.1

【第 266 题】如图 9.2 所示，下端固定、上端自由的等直细长压杆长度为 l，在临界压力作用下发生弯曲，自由端挠度为 δ，图示平面为杆弯曲刚度最小的平面，其弯曲刚度为 EI。试：（1）推导该压杆临界压力的计算公式，即压杆失稳的欧拉公式；（2）求该悬臂梁的挠曲线方程。（海南大学 2021）

图 9.2

【第 267 题】三根圆截面压杆，直径均为 $d = 160$ mm，材料为 Q235 钢，$E = 200$ GPa，$\sigma_s = 240$ MPa，$\sigma_p = 200$ MPa。两端为铰支，长度分别为 l_1、l_2、l_3 且 $l_1 = 2l_2 = 4l_3 = 5$ m，试求各杆的临界压力 F_{cr}，另补充参数 $a = 304$ MPa，$b = 1.12$ MPa。（广西大学 2018）

【第 268 题】如图 9.3 所示，各压杆材料及横截面面积均相同，弯曲刚度为 EI，试写出各压杆的欧拉临界力之值，并说明欧拉临界力公式的应用条件。

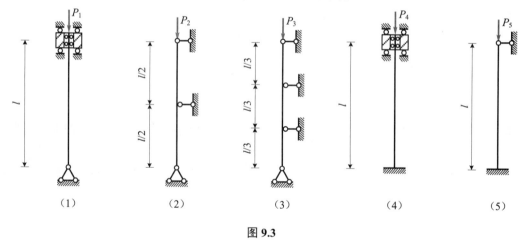

图 9.3

【第269题】弯曲刚度为 EI 的刚架 $ABCD$，在刚节点 B、C 分别承受竖向荷载 F 作用，如图 9.4 所示。设刚架直至失稳前始终处于线弹性范围，试求刚架的临界荷载。已知 AB 杆、BC 杆及 CD 杆三杆杆长均为 l。（浙江工业大学 2020）

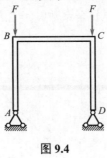

图 9.4

题型二：静定结构稳定性校核

【第270题】如图 9.5 所示，铝合金桁架承受一集中荷载 F，已知两杆的横截面均为 $50\,\text{mm} \times 50\,\text{mm}$，材料的弹性模量 $E = 70\,\text{GPa}$，假设失稳只能发生在桁架的平面内，试用欧拉公式确定引起失稳的 F 值。（东北林业大学 2017）

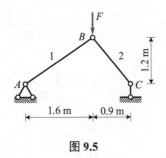

图 9.5

【**第 271 题**】某 4 m 长刚性杆 *AB* 由 3 根链杆支撑，结构受力情况如图 9.6 所示。杆 1、3 长为 2 m，直径为 40 mm，E = 10 GPa，σ_p = 9 MPa，σ_s = 13 MPa，a = 29.3 MPa，b = 0.19 MPa；杆 2 直径为 30 mm，E = 200 GPa，σ_p = 200 MPa，σ_s = 240 MPa，a = 304 MPa，b = 1.12 MPa；三根杆的强度安全系数 n = 1.5，稳定安全系数 n_{st} = 2.5，试校核该结构安全性。（河海大学 2019）

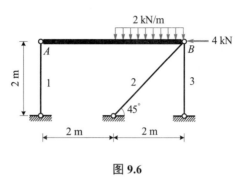

图 9.6

【**第 272 题**】如图 9.7 所示，矩形截面杆 *AC* 与圆形截面杆 *CD* 均用低碳钢制成，材料弹性模量 E = 200 GPa，强度极限 σ_b = 400 MPa，屈服极限 σ_s = 240 MPa，比例极限 σ_p = 200 MPa，直线公式系数 a = 304 MPa，b = 1.12 MPa。强度安全系数 n = 2.0，稳定安全系数 n_{st} = 3.0，试确定结构的许用荷载。（湖南大学 2018）

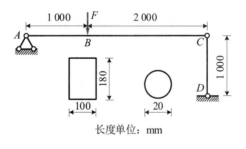

长度单位：mm

图 9.7

【**第 273 题**】如图 9.8 所示结构中，AB 为刚性杆，其他各杆均为 Q235 钢，弹性模量 $E =$ 206 GPa，直径 $d = 30$ mm，许用应力$[\sigma] = 160$ MPa，材料柔度的界限值 $\lambda_\mathrm{p} = 100$，稳定安全系数 $n_\mathrm{st} = 2$。试校核该结构的安全性。非细长压杆的临界应力公式 $\sigma_\mathrm{cr} = 240 - 0.006\,82\lambda^2$ MPa。（石家庄铁道大学 2018）

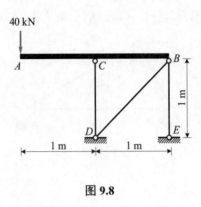

图 9.8

【**第 274 题**】如图 9.9 所示，桁架由 5 根二力杆组成，已知各杆直径均为 $d = 30$ mm，$l = 1$ m，各杆材料相同，弹性模量 $E = 200$ GPa，$\lambda_\mathrm{p} = 100$，$\lambda_\mathrm{s} = 61$，直线公式 $\sigma_\mathrm{cr} = 304 - 1.12\lambda$ MPa，并规定稳定安全系数 $n_\mathrm{st} = 3$，试根据稳定性条件，求结构的许用荷载。（沈阳建筑大学 2020）

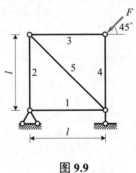

图 9.9

【第 275 题】如图 9.10 所示，平面结构 ABC 由杆件 AB、AC 和 BC 分别在节点 A、B 和 C 处铰接而成，杆件 AB、AC 和 BC 的直径均为 32 mm，长度分别为 1 m、0.6 m 和 0.8 m，节点 A 为固定铰支，节点 B 为可动铰支，节点 C 受集中力 F 作用，已知 $\sigma_p = 280$ MPa，$\sigma_s = 350$ MPa，$E = 210$ GPa，$a = 461$ MPa，$b = 2.568$ MPa，稳定安全系数 $n_{st} = 8$，仅考虑面内失稳且 $0 \leqslant \theta \leqslant 90°$，试求许用荷载 $[F]$。（南京航空航天大学 2018）

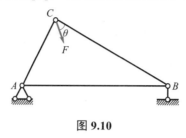

图 9.10

【第 276 题】如图 9.11 所示，杆 AB 和杆 BC 材料相同，直径均为 10 mm，角度 θ 可在 $0° \sim 90°$ 之间变化，弹性模量 $E = 200$ GPa，在临界应力总图上 $\lambda_p = 100$，$\lambda_s = 60$，$\sigma_p = 200$ MPa，$\sigma_s = 300$ MPa。若规定稳定安全系数 $n_{st} = 2$，求能使 F 取最大值的 θ 解，并计算 F 的最大值。

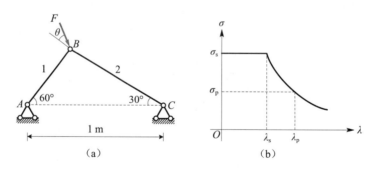

（a）   （b）

图 9.11

【**第 277 题**】如图 9.12 所示，杆 *AC* 与 *BD* 均由 Q235 钢制成，*A*、*B*、*D* 处均为球铰。*AC* 杆和 *BD* 杆的截面均为直径 $d = 20$ mm 的圆形。已知 Q235 钢的弹性模量 $E = 210$ GPa，$\sigma_s = 240$ MPa，$\sigma_b = 400$ MPa，$\lambda_p = 100$，强度安全系数 $n = 1.5$，稳定安全系数 $n_{st} = 3.0$。试确定该结构的许用荷载 $[q]$。（三峡大学 2020）

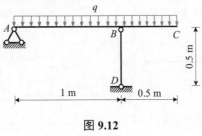

图 9.12

【**第 278 题**】如图 9.13 所示，各杆件为直径 $d = 60$ mm 的实心圆截面杆。若该结构均由 Q235 钢制成，材料的许用应力 $[\sigma] = 160$ MPa，$[\sigma_p] = 200$ MPa，$[\sigma_s] = 240$ MPa，$E = 200$ GPa，经验公式 $\sigma = 304 - 1.12\lambda$ MPa，$l = 1$ m，压杆稳定安全系数 $n_{st} = 2$，试求该结构的许用荷载 $[F]$。（东北林业大学 2022）

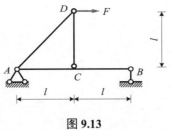

图 9.13

【第 279 题】如图 9.14 所示结构的 *AB*、*DC* 杆材料相同，$[\sigma]$ =160 MPa，$E = 200$ GPa，稳定安全系数 $n_{st} = 2.5$，当 $57 < \lambda < 100$ 时，稳定直线公式为 $\sigma_{cr} = 304 - 1.12\lambda$。试：（1）计算各杆内力并画内力图；（2）*AB* 杆截面为工字型，校核 *AB* 杆强度，若不安全，计算最大许用荷载[*F*]；（3）*DC* 杆截面为圆形，内、外径尺寸已知，校核 *DC* 杆强度，若不安全，计算最大许用荷载[*F*]。（同济大学 2020）

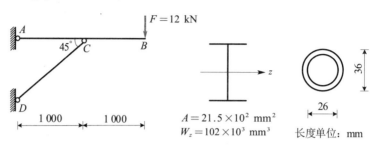

图 9.14

【第 280 题】如图 9.15 所示，由四根等边角钢（L45×45×5）用缀板连接成电杆塔（等截面直杆），截面为正方形，其边长 $a = 500$ mm，塔高度为 12 m，角钢材料抗压强度设计值为 160 MPa。单个角钢的几何性质为：$I_{z1} = 8.04$ cm⁴，轴 y_2、z_2 为形心主惯性轴，$I_{z2} = 12.74$ cm⁴，$I_{y2} = 3.33$ cm⁴，$z_0 = 1.30$ cm，面积 $A = 4.292$ cm²。轴心受压构件稳定因数 φ 见表 9.1。试求：（1）在缀板间距 b 足够小的情况下，该塔的最大轴向压力 $[F]$；（2）缀板之间的最大间距 b_{max}。（重庆大学 2016）

表 9.1　轴心受压构件稳定因数 φ

λ	95	96	97	98	99	100	101	102	103	104
φ	0.588	0.581	0.575	0.568	0.561	0.555	0.549	0.542	0.536	0.529

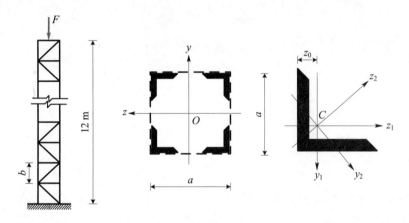

图 9.15

题型三：超静定结构稳定性校核

【第 281 题】如图 9.16 所示，两大柔度杆 O_1B 和 O_2C 的弯曲刚度均为 EI，杆长为 l，刚性杆 AD 的自由端受铅垂荷载 F 作用，试求：（1）压杆 O_2C 失稳的临界荷载；（2）整个结构失稳的临界荷载（提示：杆 1、2 都失稳时，结构才失稳）。（暨南大学 2016）

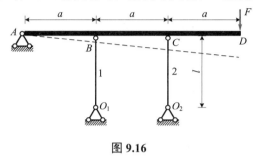

图 9.16

【第 282 题】如图 9.17 所示，刚性杆 AB 在 C 点处由钢杆 1 支撑，已知杆 1 为弹性模量 $E = 200$ GPa，直径 $d = 50$ mm，杆长 $l = 3$ m 的细长杆，试求：（1）在 A 处能施加的最大荷载 P 为多少？（2）若在 D 处再加一根与杆 1 相同的杆 2，则 P 又为多少（只考虑面内失稳）？（武汉大学 2016）

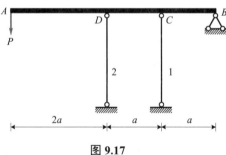

图 9.17

【第283题】如图 9.18 所示，杆 AD 和杆 AG 材料均为 Q235 钢，弹性模量 $E = 206\ \text{GPa}$，$\sigma_\text{p} = 200\ \text{MPa}$，$\sigma_\text{s} = 235\ \text{MPa}$，$a = 304\ \text{MPa}$，$b = 1.12\ \text{MPa}$，$[\sigma] = 160\ \text{MPa}$。两杆均为圆截面，杆 AD 的直径 $d_1 = 40\ \text{mm}$，杆 AG 的直径 $d_2 = 25\ \text{mm}$。横梁 ABC 可视为刚体，规定稳定安全系数 $n_\text{st} = 3$，试求 P 的许可值。（上海理工大学 2018）

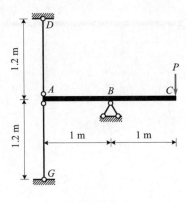

图 9.18

【第284题】如图 9.19 所示，AB 为刚性杆，杆 1、杆 2 材料相同，均为 Q235 钢，其弹性模量 $E = 200\ \text{GPa}$，比例极限 $\sigma_\text{p} = 200\ \text{MPa}$，屈服极限 $\sigma_\text{s} = 230\ \text{MPa}$，杆 1 为正方形截面，边长 $a = 20\ \text{mm}$；杆 2 为圆形截面，直径 $d = 36\ \text{mm}$，求荷载 F 的许可值。（华东交通大学 2019）

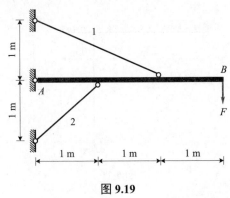

图 9.19

【第 285 题】如图 9.20 所示，杆 *AB* 为水平放置的刚性杆，杆 1 和杆 2 长度都为 *l*，其中杆 1 为圆形截面，直径为 *d*，杆 2 为正方形截面，边长为 *h*，求：当杆 1 与杆 2 同时达到临界稳定时 *x* 与 *a* 的关系？（湖南大学 2020）

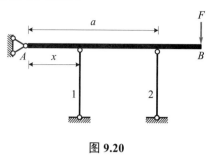

图 9.20

【第 286 题】如图 9.21 所示，均布荷载 $q = 20 \text{ kN/m}$，梁 *AC* 的截面为矩形，宽 $b = 80 \text{ mm}$，高 $h = 180 \text{ mm}$，柱 *BD* 的截面为圆形，直径 $d = 80 \text{ mm}$，梁和柱材料均为 Q235 钢，$E = 200 \text{ GPa}$，$[\sigma] = 200 \text{ MPa}$，$\sigma_p = 200 \text{ MPa}$，*BD* 杆的稳定安全系数 $n_{st} = 3$，试校核该结构的安全性。（大连理工大学 2014）

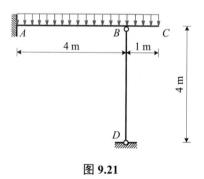

图 9.21

【第 287 题】平面杆梁结构如图 9.22（a）所示，已知支撑杆 CD 为半径 $r = 30$ mm 的圆截面，梁 AB 为 200 mm×450 mm 的矩形截面，$l = 1.8$ m，各常数为：AB 梁 $E_1 = 20$ GPa，CD 杆 $E_2 = 240$ GPa，$\lambda_p = 105$，$\lambda_s = 61.5$，中长杆线性公式中 $a = 304$ MPa，$b = 1.12$ MPa，热膨胀系数 $\alpha = 12.5 \times 10^{-6}$ ℃$^{-1}$，稳定安全系数 $n_{st} = 3$。两端固定梁在中点受集中荷载作用时的挠度如图 9.22（b）所示。试求：（1）杆 CD 失稳的临界力；（2）若梁 AB 温度不变，杆 CD 温度升高，则保证杆 CD 不失稳的许可温升为多少？（中南大学 2020）

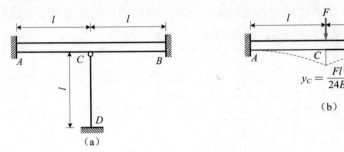

图 9.22

【第 288 题】如图 9.23 所示，杆 AC、EG 水平，弯曲刚度为 EI。杆 CD 竖直，为大柔度杆。C、D 点铰接，杆 AC、CD、EG 长度均为 l，B、D 分别为 AC、EG 中点。在点 B 处施加竖直向下的力 P，不计剪力影响。（1）若不考虑失稳，求杆 CD 的轴力；（2）若不考虑失稳，求杆 AC 在 C 端截面的转角；（3）当杆 CD 失稳时，求荷载 P 的临界值。（浙江大学 2018）

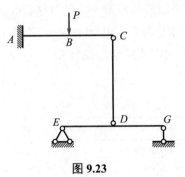

图 9.23

题型四：不同平面内失稳

【第 289 题】有一矩形截面压杆截面尺寸、长度和约束情况如图 9.24 所示，此压杆在 xOy 平面内失稳时两端为铰支，并在中间加一支座 C，在 xOz 平面内失稳时两端可视为固定端。上述中间支座 C 对 xOy 平面内失稳有约束作用，但对 xOz 平面内失稳则无约束作用。试求：此压杆的截面尺寸 b 和 h 的比值为何值时最合理？设材料的弹性模量为 E，压杆在失稳时的临界应力在弹性范围之内。（中南大学 2018）

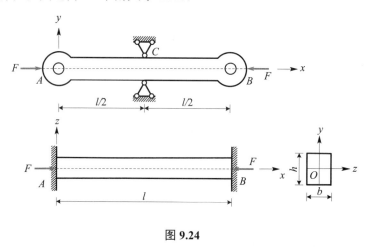

图 9.24

【第 290 题】如图 9.25 所示矩形截面压杆，两端为圆柱形铰链约束，即在 xOy 平面内弯曲时，可视为两端铰支；在 xOz 平面内弯曲时，可视为两端固定，已知弹性模量 $E = 200\,\text{GPa}$，比例极限 $\sigma_p = 200\,\text{MPa}$，求：（1）当 $b = 30\,\text{mm}$，$h = 50\,\text{mm}$ 时，压杆的临界荷载；（2）若使压杆在 xOy 平面内和 xOz 平面内失稳的可能性相同，b 与 h 的比值。（扬州大学 2018）

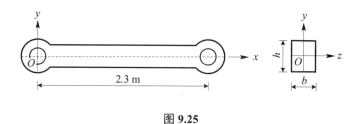

图 9.25

【第 291 题】两根材料、长度及截面尺寸完全相同的立柱，上、下端分别为强劲的顶、底刚性连接，如图 9.26 所示。已知立柱的长度为 l，直径为 d，弹性模量为 E，两立柱中心线间的距离为 a，试根据杆端的约束条件，分析在总压力 P 作用下，立柱可能产生的几种失稳形态下的挠曲线形状，分别写出对应的总压力 P 的临界值算式（按细长杆考虑），并确定最小临界力的算式。

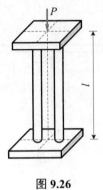

图 9.26

题型五：压杆稳定和动荷载结合

【第 292 题】如图 9.27 所示，重量 $Q = 500$ N 的物体，自高度 $H = 0.5$ m 处自由下落，冲击梁 AB 的中点 D 处。已知梁 AB 的弹性模量 $E = 210$ GPa，惯性矩 $I = 10\,442$ mm⁴，杆 BC 为圆杆，直径 $d = 20$ mm，材料与梁 AB 相同，$\lambda_p = 105$，$\lambda_s = 57$，$a = 304$ MPa，$b = 1.12$ MPa，稳定安全系数 $n_{st} = 8$。试校核 BC 杆的稳定性。（哈尔滨工程大学 2019）

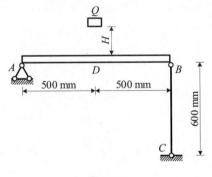

图 9.27

【第 293 题】如图 9.28 所示，重量 $P = 5$ kN 的物体，自高度 $H = 5$ mm 处自由下落，冲击梁 AB 的 B 点处。已知梁 AB 为工字钢，惯性矩 $I_z = 1.13 \times 10^7$ mm^4，抗弯截面系数 $W_z = 1.41 \times 10^5$ mm^3，柱 CD 为大柔度杆，直径 $d = 40$ mm，$l = 1\,200$ mm，梁和柱的材料相同，$E = 200$ GPa，$\sigma_s = 240$ MPa，强度安全系数 $n = 1.5$，稳定安全系数 $n_{st} = 3$，试校核该结构是否安全。（中南大学 2012）

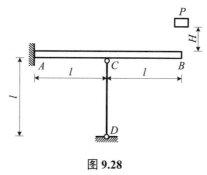

图 9.28

附：截面几何性质

题型一：静矩和形心

【第 294 题】截面的形心轴是（　　）。（重庆大学 2012）

A. 使截面惯性矩为零的轴

B. 使截面静距（面积矩）为零的轴

C. 使截面惯性积为零的轴

D. 使截面极惯性矩为零的轴

【第 295 题】求附图 1 所示的三角形对 x 轴的静矩。

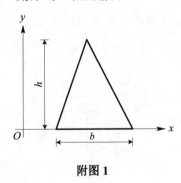

附图 1

【第 296 题】半径为 $2R$ 的圆形截面对直径轴的静矩为（　　）。（海南大学 2020）

A．0　　　　　　　B．$4\pi R$　　　　　　C．$4\pi R^2$　　　　　　D．$4\pi R^3$

【第 297 题】如附图 2 所示的半圆截面，其形心坐标 y_C 为（　　）。（重庆大学 2019）

A．$\dfrac{2d}{3\pi}$　　　B．$\dfrac{d}{6}$　　　C．$\dfrac{3d}{4\pi}$　　　D．$\dfrac{d}{4}$

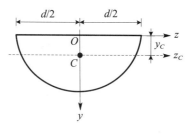

附图 2

【第 298 题】用公式 $\tau = \dfrac{F_s S_z^*}{b I_z}$ 计算附图 3 所示截面 A 点的弯曲切应力时，$S_z^* =$（　　）。（沈阳建筑大学 2011）

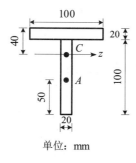

单位：mm

附图 3

A．35 000 mm³　　　B．25 000 mm³　　　C．50 000 mm³　　　D．55 000 mm³

题型二：惯性矩、惯性积、极惯性矩、主惯性矩、形心主惯性矩

【第299题】设平面图形具有对称轴，则图形对于该轴的（　　）。（扬州大学2011）

A．静距不为零，惯性矩为零　　　　　　B．静距和惯性矩均为零

C．静距为零，惯性矩不为零　　　　　　D．静距和惯性矩均不为零

【第300题】如附图4所示，O为直角三角形ABD斜边上的中点，y轴、z轴为过中点且分别平行于两条直角边的两根轴。下列关于惯性矩和惯性积的说法中，正确的是（　　）。（中南大学2012）

A．$I_{yz} > 0$　　　　B．$I_{yz} < 0$　　　　C．$I_{yz} = 0$　　　　D．$I_y = I_z$

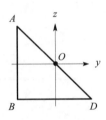

附图4

【第301题】设附图5所示任意平面图形对该平面内z_1、z_2、z_3轴惯性矩分别为I_1、I_2、I_3，对O点的极惯性矩为I_p，下列关系中，正确的是（　　）。（重庆大学2015）

A．$I_2 = I_1 + I_3$　　　　　　　　　　B．$I_p = I_1 + I_2$

C．$I_p = I_2 + I_3$　　　　　　　　　　D．$I_p = I_1 + I_3$

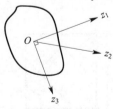

附图5

【第 302 题】如附图 6 所示，直角三角形对 x 轴的惯性矩为 $I_x = \dfrac{bh^3}{12}$，则对 x_1 轴的惯性矩 I_{x1} 为（　　）。（昆明理工大学 2019）

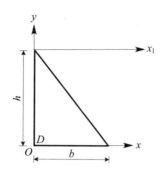

附图 6

A. $\dfrac{bh^3}{4}$　　　　B. $\dfrac{bh^3}{24}$　　　　C. $\dfrac{bh^3}{36}$　　　　D. $\dfrac{13bh^3}{36}$

【第 303 题】如附图 7 所示的半圆形截面，对形心主惯性轴的惯性矩 $I_z = $ _____。（重庆大学 2016）

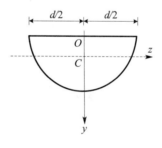

附图 7

【第 304 题】试求附图 8 所示阴影截面对 x 轴、y 轴和 x_1 轴的惯性矩 I_x、I_y 及 I_{x1}，其中，大正方形边长为 $2a$，小正方形边长为 a。（暨南大学 2019）

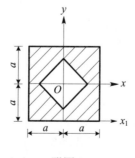

附图 8

【第 305 题】如附图 9 所示，由矩形和半圆组成的平面图形对 y 轴、z 轴惯性积 $I_{yz}=$ ＿＿＿＿，惯性矩 $I_y=$ ＿＿＿＿，$I_z=$ ＿＿＿＿。（中南大学 2011）

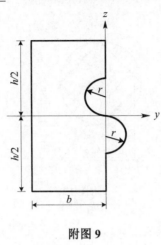

附图 9

【第 306 题】求附图 10 所示四分之一圆面积对 x 轴的惯性矩 I_x，若已知形心坐标轴 x_C，再求此面积对 x_C 轴的惯性矩 I_{xC}。（哈尔滨工程大学 2017）

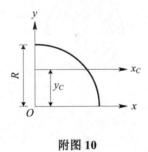

附图 10

【第 307 题】试求附图 11 所示平面图形对 x 轴和 y 轴惯性矩，尺寸单位为 mm。（吉林大学 2018）

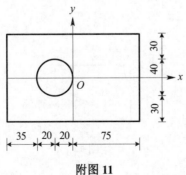

附图 11

【第 308 题】附图 12 中 x 轴与圆周相切，A 为切点，在圆形内切去一个边长为 $a = 100$ mm 的正方形。试求图中阴影部分面积对 x 轴的惯性矩 I_x。（南昌大学 2013）

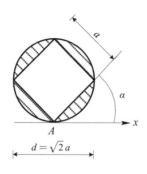

附图 12

【第 309 题】已知某截面尺寸如附图 13 所示，求 I_y、I_z、I_{yz}。（河海大学 2017）

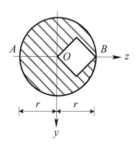

附图 13

【第 310 题】如附图 14 所示平面图形对 y 轴的惯性矩 $I_y =$ ＿＿＿＿＿＿＿＿＿，对 y_1 轴的惯性矩 $I_{y1} =$ ＿＿＿＿＿＿＿＿＿。（中南大学 2013）

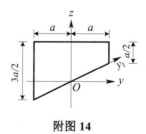

附图 14

第二篇 材料力学（Ⅱ）

第十章 能量法

题型一：计算应变能

【第 311 题】已知刚度 EI，EA，各杆受力和尺寸如图 10.1 所示，计算各杆的应变能。

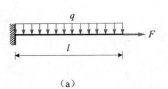

（a）

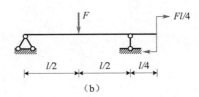

（b）

图 10.1

【第 312 题】已知刚度 EI，GI_p，杆件受力和尺寸如图 10.2 所示，计算各杆的应变能。

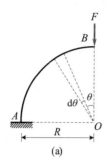 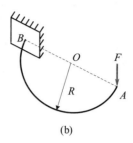

(a)   (b)

图 10.2

题型二：单位荷载法求位移——积分法

【第 313 题】 如图 10.3 所示的圆弧形小曲率杆，横截面 A 与 B 间存在一夹角为 $\Delta\theta$ 的微小缝隙。试问在横截面 A 与 B 上需加何种力偶，才能使该二截面恰好密合，设弯曲刚度 EI 为常数。（武汉大学 2012）

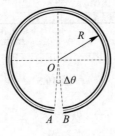

图 10.3

【第 314 题】 如图 10.4 所示，A 端固定的半圆形曲杆，轴线半径为 r，承受均布径向压力，荷载集度为 p。若曲杆的弯曲刚度为 EI，拉压刚度为 EA，试求 B 点的竖向位移。（湖南大学 2018）

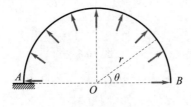

图 10.4

题型三：单位荷载法求位移——图乘法

【第 315 题】如图 10.5 所示的外伸梁，其抗弯刚度为 EI，分别采用单位荷载法中的积分法和图乘法计算 C 点的挠度和转角。

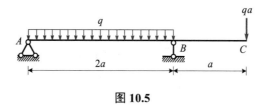

图 10.5

【第 316 题】悬臂梁受力情况如图 10.6 所示，已知 EI 为常量，试求 A 点挠度。（河海大学 2021）

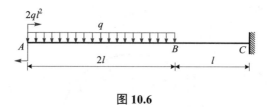

图 10.6

【第 317 题】结构如图 10.7 所示，杆段长为 a，受集中力 $F = qa$ 和均布荷载 q 作用，试求 B 处转角 θ_B。（山东大学 2021）

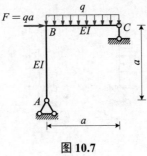

图 10.7

【第 318 题】结构如图 10.8 所示，P、a、EI 均为已知，求 AB 梁中点 C 的挠度。（中南大学 2020）

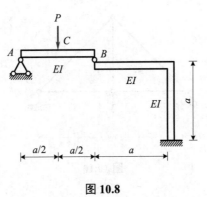

图 10.8

【**第 319 题**】刚架受力情况如图 10.9 所示，弯曲刚度为 EI，尺寸如图。求 B 处水平位移、竖向位移和转角。（南京航空航天大学 2021）

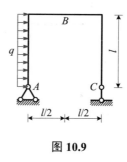

图 10.9

【**第 320 题**】如图 10.10 所示桁架结构受竖向外力 F 作用，求桁架右端支座的水平位移。设各杆 EA 为常数。（暨南大学 2021）

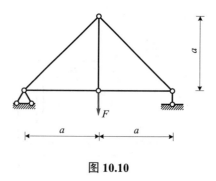

图 10.10

【第 321 题】如图 10.11 所示，桁架在节点 E 处承受荷载 P，假设桁架所有杆件均为等截面直杆，并且具有相同的轴向刚度 EA，试计算该桁架变形后 BD 杆和 BF 杆的夹角。（同济大学 2014）

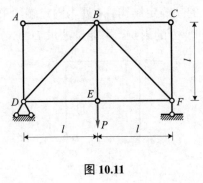

图 10.11

【第 322 题】如图 10.12 所示，横梁 AF 的弯曲刚度为 EI，所有杆件的拉压刚度均为 EA，试求：（1）杆件 BD、CD 的内力；（2）梁 BF 的最大弯矩；（3）在不考虑剪切作用的情况下，A 点的位移大小。（浙江大学 2020）

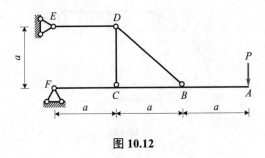

图 10.12

题型四：卡氏定理求力

【第 323 题】 如图 10.13 所示的超静定结构，A 处为固定端约束，各段抗弯刚度 EI 为常数，P、a 均为已知，不考虑轴力和剪力的影响，用能量法求 D 处支反力。（上海理工大学 2016）

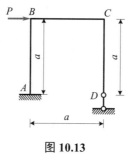

图 10.13

【第 324 题】 如图 10.14 所示，结构 ABC 由 1/4 圆环 AB 和水平直线段 BC 组成，A 端固定，C 端为可动铰支。若抗弯刚度 EI 为已知，不计轴力和剪力的影响，求结构的支反力。（哈尔滨工程大学 2019）

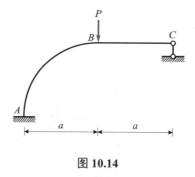

图 10.14

【第 325 题】如图 10.15 所示的刚架，材料为线弹性，弯曲刚度为 EI，不计轴力和剪力的影响，试用卡氏第二定理求刚架的支反力。

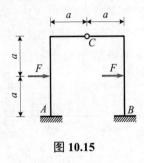

图 10.15

【第 326 题】弯曲刚度为 EI 的悬臂梁如图 10.16 所示，已知其自由端转角为 θ，梁材料为线弹性，试按照卡氏第一定理确定施加于该处的外力偶矩。（浙江大学 2015）

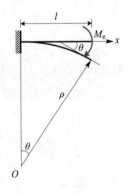

图 10.16

题型五：卡氏定理求位移

【第 327 题】简支梁受荷载如图 10.17 所示，已知 q、a，$F = qa$，$M = qa^2$，梁的弯曲刚度为 EI，试用卡氏第二定理求截面 A 的转角和 C 点的挠度。（中国矿业大学 2016）

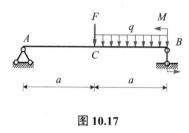

图 10.17

【第 328 题】用卡氏定理求解图 10.18 所示梁截面 C 的竖向位移和截面 B 的转角。该梁 EI 为已知，不考虑轴力和剪力的影响。（太原理工大学 2021）

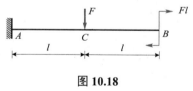

图 10.18

【第329题】如图10.19所示的刚架结构，抗弯刚度为 *EI*，不计轴力和剪力的影响，试用能量法计算 *C* 点的水平位移和竖向位移。（中南大学2021）

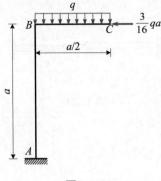

图 10.19

【第330题】托架由直杆 *AB* 和圆弧形的小曲率曲杆 *BC* 组成，受力情况如图10.20所示。直杆的拉压刚度为 *EA*，曲杆的弯曲刚度为 *EI*，不计曲杆的轴力和剪力对变形的影响。试用能量法求 *B* 点的竖向位移 Δ_y。（湖南大学2017）

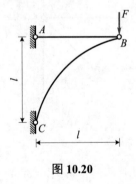

图 10.20

【第 331 题】如图 10.21 所示，两端固定的变截面杆受轴向力 F 作用，左右两段的拉压刚度分别为 $E_1 A_1$ 和 $E_2 A_2$，试用卡氏第一定理计算外力作用截面的轴向位移 δ（用其他方法解答不得分）。（重庆大学 2018）

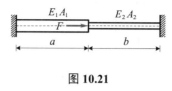

图 10.21

【第 332 题】如图 10.22 所示，AD、BD、CD 杆均是长为 l、拉压刚度为 EA 的杆，D 处受到竖直向上的力 $2F$ 和水平向右的力 F，试用卡氏第一定理求 D 点的水平位移与竖向位移。（浙江大学 2019）

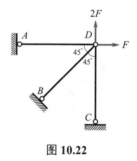

图 10.22

第十一章　力法

题型一：力法解超静定刚架

【第 333 题】如图 11.1 所示，刚架的各杆刚度均为 EI，杆长均为 l，试求 A 支座的反力、刚架上最大的弯矩值及其作用位置。（暨南大学 2017）

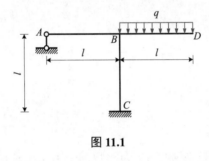

图 11.1

【第 334 题】试求图 11.2 所示等截面刚架 A 点的水平位移和转角。已知杆的抗弯刚度为 EI。（燕山大学 2021）

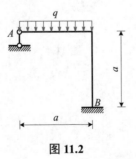

图 11.2

【第 335 题】平面刚架 ABC 与二力杆 CD 构成如图 11.3 所示结构，并承受外力偶 m 作用。若 m、a 已知，刚架的抗弯刚度为 EI，CD 杆的抗拉刚度为 EA，且 $EA = \dfrac{3EI}{2a^2}$。试求 CD 杆的变形量 Δl。（昆明理工大学 2019）

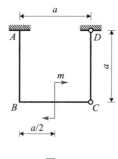

图 11.3

【第 336 题】已知平面刚架抗弯刚度 EI 为常数，受力情况及尺寸如图 11.4 所示，在 C 处下端放置一刚度 $k = \dfrac{3EI}{a^3}$ 的弹性支座，试求该刚架的最大弯矩。（北京交通大学 2014）

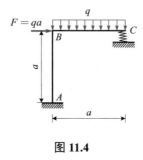

图 11.4

【第 337 题】如图 11.5 所示，AC 杆水平，A 点为活动铰支座，CE 杆竖直，E 点为固定端。AC、CE 杆长度均为 l，B、D 分别为 AC、CE 中点，在 B 点处施加竖向集中荷载 F，在 D 点处施加力偶 M_e。求：（1）A、E 两点的支座反力；（2）A 点的水平位移。（浙江大学 2018）

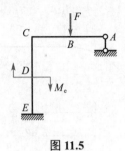

图 11.5

题型二：力法解其他超静定结构

【第 338 题】如图 11.6 所示结构，各节点均铰接，材料的线膨胀系数为 α，当所有杆件温度上升 t ℃时，求各杆的力。（大连理工大学 2011）

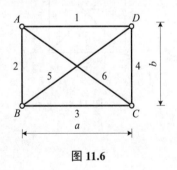

图 11.6

【第 339 题】如图 11.7 所示，结构 ABC 由 1/4 圆环 AB 和水平直线段 BC 组成，A 端固定，C 端为可动铰支。若抗弯刚度 EI 为已知，不计轴力和剪力的影响，求结构的支反力。（哈尔滨工程大学 2019）

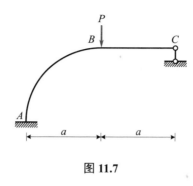

图 11.7

【第 340 题】桁架结构尺寸如图 11.8 所示，已知各杆的拉压刚度均为 EA，沿对角线方向作用一对拉力 F。求杆 1 和杆 2 的内力。（南京航空航天大学 2021）

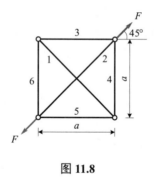

图 11.8

题型三：对称性的利用

【第341题】绘制图 11.9 所示超静定刚架的弯矩图,各杆抗弯刚度均为 EI。(燕山大学 2014)

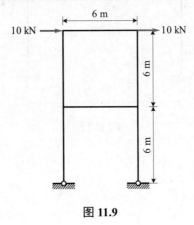

图 11.9

【第342题】如图 11.10 所示，利用对称性画该刚架的弯矩图。(沈阳建筑大学 2018)

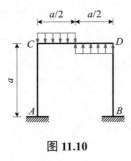

图 11.10

【第 343 题】平面等截面刚架受力和尺寸如图 11.11 所示，已知抗弯刚度 EI 为常数，试求截面 C 的转角。（中南大学 2022）

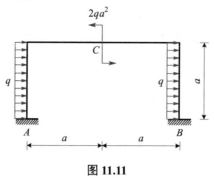

图 11.11

第十二章 动荷载

题型一：匀加速直线运动构件的动应力

【第 344 题】如图 12.1 所示，起重机重 $P_1 = 1$ kN，装在跨度 $l = 4$ m 的 20a 号工字钢梁上，用钢索以匀加速度 $a = 2$ m/s² 起吊一重物，已知重物的重量 $P_2 = 10$ kN，梁的弯曲截面系数 $W_z = 237 \times 10^3$ mm³。不计梁和钢索的自重，求梁内的最大正应力。（石家庄铁道大学 2011）

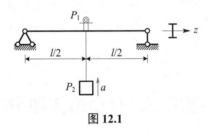

图 12.1

题型二：匀速转动构件的动应力

【第 345 题】一杆以角速度 ω 绕铅垂轴在水平面内转动。已知杆长为 l，杆的横截面面积为 A，重量为 P_1。另有一重量为 P 的重物连接在杆的端点，如图 12.2 所示。试求杆的最大动应力及杆的伸长。

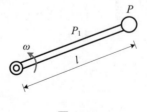

图 12.2

【第 346 题】如图 12.3 所示，飞轮最大圆周速率 $v = 25$ m/s，其密度 $\rho = 7.41 \times 10^3$ kg/m³，若不计轮辐的影响，试求杆内的最大正应力。（南昌大学 2011）

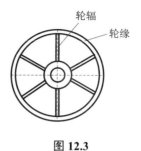

图 12.3

题型三：自由落体冲击

【第 347 题】图 12.4 所示重物 P 自高度 H 处自由下落冲击梁上 D 点，计算动荷因数时用公式 $K_d = 1 + \sqrt{1 + \dfrac{2H}{\Delta_{st}}}$，其中（　　）。（昆明理工大学 2017）

A. Δ_{st} 是指 D 点的静位移

B. Δ_{st} 是指 C 点的静位移

C. Δ_{st} 是指弹簧 B 的静位移

D. Δ_{st} 是 C 点和 D 点的静位移之和

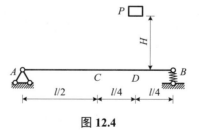

图 12.4

【第348题】如图 12.5 所示，木质圆截面木桩，下端固定，上端受重量为 W 的重锤作用。分别用 σ_{max}^a、σ_{max}^b、σ_{max}^c 表示下列三种情况下木桩最大正应力的绝对值，试比较其大小。（a）重锤以静载的方式作用于木桩上；（b）重锤以距桩顶 h 的高度自由下落；（c）在桩顶放置弹性较好的橡皮垫。重锤从距橡皮垫顶面 h 的高度自由下落。（上海理工大学 2017）

A. $\sigma_{max}^a > \sigma_{max}^b > \sigma_{max}^c$

B. $\sigma_{max}^b > \sigma_{max}^c > \sigma_{max}^a$

C. $\sigma_{max}^c > \sigma_{max}^a > \sigma_{max}^b$

D. $\sigma_{max}^b > \sigma_{max}^a > \sigma_{max}^c$

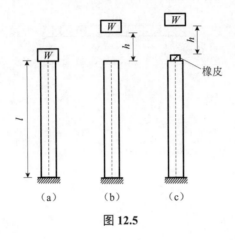

图 12.5

【第349题】已知结构的抗弯刚度为 EI，抗弯截面系数为 W，尺寸如图 12.6 所示，一重物 G 以竖直的初速度 v_0 从高度 h 处垂直下落，冲击 F 点，求 D 点的竖向位移与梁中的最大正应力。（南京航空航天大学 2015）

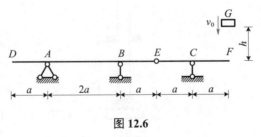

图 12.6

【第 350 题】如图 12.7 所示，重量为 P 的重物以初速度 v_0 自由下落在简支梁跨中处，设简支梁的截面抗弯刚度为 EI，抗弯截面系数为 W，试求：（1）梁的最大应力；（2）若梁的两端支座变为刚度系数为 k 的弹簧，则梁的冲击动荷因数 K_d 增大还是减小。（大连理工大学 2012）

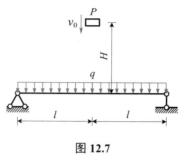

图 12.7

【第 351 题】如图 12.8 所示的装置，直径 $d = 4\,\text{cm}$，长 $l = 4\,\text{m}$ 的钢杆，上端固定，下端有一托盘，托盘上固定一弹簧，钢杆的弹性模量 $E = 200\,\text{GPa}$，弹簧的刚度 $k = 16\,\text{kN/cm}$，有一自由落体重物，重 $P = 20\,\text{kN}$，从 $h = 1.5\,\text{m}$ 的高度下落，试求钢杆的最大应力。（中南大学 2020）

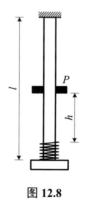

图 12.8

【第 352 题】如图 12.9 所示结构，一重量为 $W = 5$ kN 的物体自高度 $h = 10$ mm 静止下落到梁 AC 的中点处，已知梁 AC 为矩形截面，杆 CD 为圆形截面，尺寸如图所示。两杆材料相同，$E = 200$ GPa，$\sigma_s = 240$ MPa，中柔度杆的临界应力为 $\sigma_{cr} = 304 - 1.12\lambda$，$\lambda_p = 100$，$\lambda_s = 61$，强度安全系数 $n = 2.0$，稳定安全系数 $n_{st} = 3.0$。试校核此结构是否安全。（中南大学 2014）

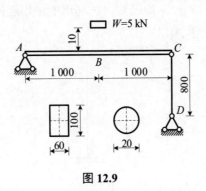

图 12.9

【第 353 题】如图 12.10 所示，重物 $P = 100$ N 从 $h = 0.2$ m 高度处自由下落，刚架和梁的刚度均为 $EI = 6 \times 10^4$ N·m²，图示 $l = 1$ m，试：（1）求 G 点动位移的大小；（2）若刚架的截面 $d = 50$ mm，许用应力 $[\sigma] = 160$ MPa，忽略剪力和轴力的影响，列出刚架内危险截面的应力条件，并对刚架进行强度校核。（提示：AB 杆在 xOy 平面，CDE 杆在 yOz 平面）（大连理工大学 2018）

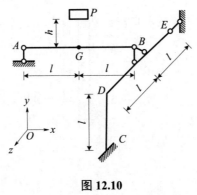

图 12.10

题型四：水平冲击

【第 354 题】如图 12.11 所示，重量为 Q 的重物以速度 v 水平运动冲击梁的 B 点，梁的抗弯刚度 EI 为常量，若 Q、EI、g、v 均已知，试利用能量原理推出动荷因数的表达式（需以已知量表示）。（南京工业大学 2012）

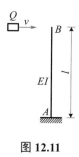

图 12.11

【第 355 题】如图 12.12 所示，等直杆上端 B 受水平冲击，其动荷因数 $K_d = \sqrt{\dfrac{v^2}{g\Delta_{st}}}$，当杆长 l 增加，其余条件不变，杆内最大弯曲动应力可能（　　）。（太原理工大学 2020）

A．增加　　　　　　B．减小　　　　　　C．不变　　　　　　D．可能增加也可能减小

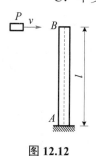

图 12.12

【第 356 题】重量为 Q 的物体以速度 v 水平冲击到图 12.13 所示刚架的 A 点。刚架各杆段的抗弯刚度皆为 EI，且重力加速度 g 已知。若使 A 点的水平位移等于 Δ_0，则冲击速度 v 等于多少？（燕山大学 2016）

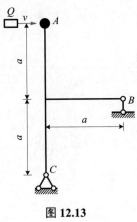

图 12.13

【第 357 题】如图 12.14 所示的结构中，ABC 为刚体，BD 杆为圆截面细长压杆，其横截面面积为 A，惯性矩为 I，弹性模量为 E。重 Q 的物体以速度 v 水平冲击到 C 点。若规定 BD 杆的稳定安全系数为 n_{st}，试由 BD 杆的稳定性条件确定速度 v。已知重力加速度为 g。（燕山大学 2013）

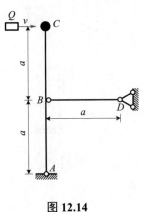

图 12.14

【第 358 题】重量 $Q = 60$ N 的冲击物以速度 v 沿 AB 杆轴线水平冲击到 AB 杆的 B 端，AB 杆约束如图 12.15 所示，$l = 20$ cm，截面为矩形，高 $h = 2\sqrt{3}$ cm，宽 $b = \sqrt{3}$ cm。材料的弹性模量 $E = 200$ GPa，比例极限 $\sigma_p = 200$ GPa，屈服极限 $\sigma_s = 240$ GPa。材料的 $\lambda_p = 100$，$\lambda_s = 57$，$a = 304$ MPa，$b = 1.12$ MPa，取重力加速度 $g = 10$ m/s²，求速度 v 等于多大时 AB 杆失稳。（哈尔滨工程大学 2015）

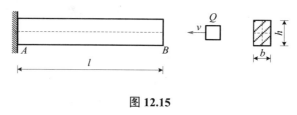

图 12.15

【第 359 题】如图 12.16 所示，速度为 v，重量为 P 的重物，沿水平方向冲击于梁 AB 上的 C 截面。已知梁的弯曲刚度为 EI，弯曲截面系数为 W，且 $a = 0.6l$。已知重力加速度为 g，试求梁的最大动应力。（浙江工业大学 2014）

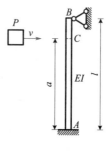

图 12.16

题型五：起吊重物冲击

【第 360 题】如图 12.17 所示，钢吊索 AC 下端悬挂一重量 $P = 20$ kN 的重物，以等速度 $v = 1$ m/s 下降。已知吊索内钢丝的横截面面积 $A = 414$ mm²，材料的弹性模量 $E = 170$ GPa，滑轮的重量可略去不计。当吊索长度 $l = 20$ m 时，滑轮 D 突然被卡住。试求：（1）吊索受到的冲击荷载 F_d 及横截面上的冲击应力 σ_d；（2）若在上述情况下，在吊索与重物之间安置一个刚度系数 $k = 300$ kN/m 的弹簧，则吊索受到的冲击荷载又是多少？

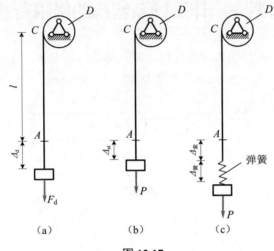

图 12.17

第十三章 塑性极限分析

题型一：计算杆系结构的极限荷载

【第 361 题】如图 13.1 所示的两端固定杆，试计算极限荷载 F_u，已知 $A_1 = A_3 = 200 \text{ mm}^2$，$A_2 = 100 \text{ mm}^2$，$2l_1 = 2l_2 = l_3 = 300 \text{ mm}$，屈服极限 $\sigma_s = 300 \text{ MPa}$。（大连理工大学 2012）

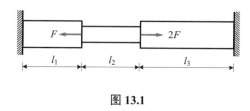

图 13.1

【第 362 题】如图 13.2 所示，刚性梁 AB 由四根同一材料制成的等直杆 1、2、3、4 支撑，刚性梁在 D 点承受铅垂荷载，四根杆横截面面积均为 $A = 100 \text{ mm}^2$，材料可视为理想弹塑性，其弹性模量 $E = 10 \text{ GPa}$，屈服极限 $\sigma_s = 20 \text{ MPa}$，试求结构极限荷载。（大连理工大学 2014）

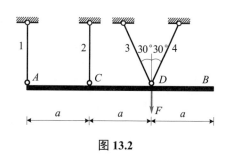

图 13.2

题型二：计算圆轴的极限扭矩

【第363题】由理想弹塑性材料制成的圆轴，受扭时横截面上已形成塑性区，沿半径应力分布如图 13.3 所示，试证明相应的扭矩是 $T = \dfrac{2}{3}\pi r^3 \tau_s \left(1 - \dfrac{1}{4}\dfrac{c^3}{r^3}\right)$。

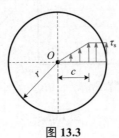

图 13.3

题型三：计算极限弯矩

【第364题】一结构受力和截面尺寸如图 13.4 所示，截面材料的屈服极限 $\sigma_s = 30$ MPa，试求结构达到极限状态时力 F 的大小（图中单位：mm）。（大连理工大学 2014）

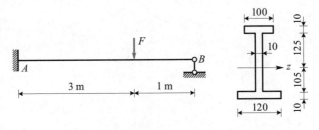

图 13.4

【第 365 题】从梁上截出一段长 400 mm 的梁段 AB（此梁段上没有荷载），AA' 和 BB' 截面上的弯曲正应力的方向、大小及分布规律如图 13.5 所示。设梁横截面为矩形，已知材料的屈服极限 $\sigma_s = 240$ MPa。试求：AA'、BB' 截面的弯矩值和剪力值，并在图中用箭头表示出两截面的弯矩和剪力的方向。（中南大学 2013）

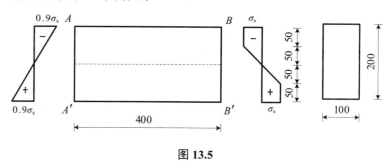

图 13.5